SALM
ENTROPIE UND INFORMATION - NATURWISSENSCHAFTLICHE SCHLÜSSELBEGRIFFE

PRAXIS-Schriftenreihe · Abteilung Physik · Band 52
Herausgeber: StD Max-Ulrich Farber

Entropie und Information - naturwissenschaftliche Schlüsselbegriffe

Von
Dr. WOLFGANG SALM
Freiburg

AULIS VERLAG DEUBNER & CO KG
Köln

Die Deutsche Bibliothek – CIP-Einheitsaufnahme

Salm, Wolfgang:
Entropie und Information - naturwissenschaftliche Schlüsselbegrifffe / von Wolfgang Salm. –
Köln : Aulis Verl. Deubner, 1997
(Praxis-Schriftenreihe : Abteilung Physik ; Bd. 52)
ISBN 3-7614-1969-4
NE: Praxis-Schriftenreihe / Abteilung Physik

Best.-Nr. 1051
Alle Rechte bei AULIS VERLAG DEUBNER & CO KG, Köln, 1997
Druck und Bindung: Druckerei DAN, Ljubljana/Slowenien
ISSN 0938-5517
ISBN 3-7614-1969-4

Das vorliegende Werk wurde sorgfältig erarbeitet. Dennoch übernehmen Autor, Herausgeber und Verlag für die Richtigkeit von Angaben, Hinweisen und Ratschlägen sowie für eventuelle Druckfehler keine Haftung.

Inhaltsverzeichnis

	Einleitung	7
1	Grundlagen: Eigenschaften idealer Gase	14
2	Information als Meßgröße	31
3	Einige Entropiearten in der Physik	43
4	Beschreibung irreversibler Vorgänge	59
5	Das ideale Gas im Gleichgewicht - statistisch untersucht	75
6	Entropie läßt sich umladen	92
7	Freie Energie und Freie Enthalpie	102
8	Beschreibung von Ausgleichsvorgängen durch *Markoff*prozesse	118
9	Entropiekräfte	138
10	Informationstheoretische Komplementarität	154
	Literatur	161
	Register	163

Vorwort

„Was Sie schon immer über Entropie wissen wollten, aber nie zu fragen wagten"

mit diesem Titel überschrieb Prof. *Roman Sexl* einen Lehrbrief für die integrierte Lehrerfortbildung mit Schwerpunkt Physik, den er im Jahre 1983 zusammen mit *Alfred Pflug* in Wien ausarbeitete und im Jahre 1984 im Aulis Verlag veröffentlichte. Längst ist das wissenschaftliche Fachwort *Entropie* - so wie das etwa gleichzeitig ersonnene Wort *Energie* - in der Umgangssprache angekommen. Es klingt bedeutend und gewichtig; leider bleibt jedoch sein Sinn, anders als der des Wortes Energie, auch heute weitgehend unverstanden. Mit dieser Schrift soll ein Beitrag zur Klärung des Begriffs der Entropie und zum Verständnis seiner Bedeutung und seines Gewichts in den Naturwissenschaften geleistet werden.

- Der Begriff der Entropie ist bis auf konstante Umrechnungsfaktoren identisch mit dem Begriff des Informationsgehaltes und damit einer anschaulichen Beschreibung zugänglich.

- Entropie und Informationsgehalt sind fächerübergreifende Schlüsselbegriffe in Physik, Chemie, Biologie und Nachrichtentechnik; sie ermöglichen eine einfache und doch sehr treffende Charakterisierung verschiedenster Phänomene.

- Entropie ist die Meßgröße, welche die zeitlichen Abläufe in der Natur, den Zeitpfeil, „das Schicksal der Natur" allgemein zu beschreiben gestattet.

Die Schrift wendet sich in erster Linie an Physiklehrer, aber auch an Chemiker und Biologen, denen fächerübergreifende Bezüge, „der Blick in den Garten der Nachbarwissenschaft" am Herzen liegen. Das zentrale Anliegen ist dabei, daß Schlüsselideen quer durch die einzelnen Fächer erkennbar werden und bei den Schülerinnen und Schülern zu „Aha-Erlebnissen" führen. So ermöglicht z.B. das Verständnis des Begriffs der Freien Enthalpie als Entropiegröße nicht nur die quantitative Untersuchung chemischer Reaktionen, sondern auch die Berechnung von Fehlerraten bei der Vervielfältigung der DNS oder die Berechnung der Temperaturabhängigkeit des Ozongehalts der Luft. *Markoff*ketten, als weiteres Beispiel, erlauben ganz allgemein, Vorgänge mit Entropiezunahme zu charakterisieren, egal, ob es sich um Diffusionsvorgänge in der Physik, oder um Selektionsmodelle in der Biologie handelt.

Einleitung

Mit dem Beobachten, dem Ordnen und dem mathematischen Erfassen von Naturerscheinungen sowie mit der Erschließung technischer Anwendungen eng verknüpft ist immer auch die Entwicklung neuer Ideen und Begriffe, die der Eigenart der erkannten Phänomene entsprechen und sie zutreffend zu beschreiben gestatten. Wir wollen uns einen derartigen begrifflichen Erkenntnisprozeß am Beispiel der Entwicklung des **Energie**begriffs vor Augen führen.

Die Mechanik von *Isaac Newton* enthielt den Energiebegriff noch nicht und stützte sich ausschließlich auf den Begriff der **Kraft**. Zwar war bereits in der Antike erkannt worden, daß die Wirkung einer geschwungenen Axt im Vergleich zu einer nur durch ihr Gewicht wirkenden beim Spalten von Holz durch einen von der Geschwindigkeit abhängigen Faktor zu unterscheiden war, aber bis ins 18. Jahrhundert hinein war die uns heute so selbstverständliche Idee der Energie noch nicht bekannt. Das Ringen um die richtige Erfassung der Energievorstellung zeigte sich im Streit zwischen den *Cartesianern* und den *Leibnizianern* über das „Maß" für die „Kraft", die von den ersten durch den Term „Masse mal Geschwindigkeit", $m \cdot v$, und von den zweiten durch das Produkt von Masse und Geschwindigkeitsquadrat, $m \cdot v^2$, gemessen wurde. Die von *Leibniz* „vis viva", „lebendige Kraft", genannte Größe $m \cdot v^2$ erhielt erst 1829 durch *G. Coriolis* den Faktor ½. Den Gedanken der Erhaltung und Umwandelbarkeit der Energie sprach wohl schon *Daniel Bernoulli* aus, als er die „latente Kraft" zu berechnen versuchte, die aus einer bestimmte Kohlenmenge durch Verbrennen gewonnen werden kann.

Von ausschlaggebender Bedeutung für die Ausbildung unseres heutigen Energiebegriffs war der 1847 von *Hermann v. Helmholtz* veröffentlichte Aufsatz „Über die Erhaltung der Kraft": Das Energieprinzip ist seither nicht irgendein physikalisches Theorem, sondern ein regulatives Postulat unseres Denkens. Wir gehen heute davon aus, daß Energie das ist, was als grundlegende Erhaltungsgröße, als eigentliches Subjekt hinter den auftauchenden und wieder verschwindenden Erscheinungen steht, ohne jedoch durch eine exakte Definition den Begriff der Energie als Meßgröße festlegen zu können. Der Physiker *R. Feynman* schreibt hierzu:

„Es ist wichtig einzusehen, daß wir in der heutigen Physik nicht wissen, was Energie ist. Wir haben kein Bild davon, daß Energie in kleinen Klumpen definierter Größe vorkommt. Jedoch gibt es Formeln zur Berechnung einer numerischen Größe, und wenn wir alles zusammen addieren, so ergibt sich immer die gleiche Zahl."

Neben der Suche nach dem „Eigentlichen", dem Unvergänglichen, ist es schon immer ein menschliches Anliegen gewesen, die **zeitliche Ausrichtung** aller Phänomene zu verstehen und zu beschreiben. Die meisten Kulturen und Religionen kennen eine „Schöpfungsgeschichte" und oft auch einen „Jüngsten Tag". Wir gehen heute davon aus, daß die Welt in einem Urknall entstand und seither zielgerichtet expandiert. In der Biologie wird die seit Milliarden von Jahren fortwährende Höherentwicklung der Arten, die Evolution, im Detail untersucht. Im Leben eines jeden Individuums sind der Anfang, die Geburt, und das Ende, der Tod, unentrinnbare Eckpunkte der Existenz.

Aber auch jeder noch so unscheinbare, alltägliche Vorgang ist durch eine zeitliche Orientierung, einen „**Zeitpfeil**", gekennzeichnet:

- Eine heiße Tasse Kaffee kühlt sich im Laufe der Zeit ab
- Das Wasser in einem offenen Gefäß verdunstet
- angestoßene Pendel bleiben nach einiger Zeit stehen
- Eisen rostet
- Magnete werden nach einigen Jahren schwächer
- Gelerntes wird vergessen
- gekämmte Haare werden zerzaust
- weiße Hemden werden fleckig
- Felsen zerbröckeln
- radioaktive Elemente zerfallen, usw.

Einen ersten Versuch, diesen Zeitpfeil nicht nur mythologisch, sondern naturwissenschaftlich zu deuten, unternahm in der Antike *Aristoteles*. Er lehrte, daß die vier Elemente Feuer, Luft, Wasser und Erde alle einen ihnen zukommenden Platz hätten und bei Entfernung davon ein eingeborenes Streben zeigten, ihren angestammten Ort wieder einzunehmen: die Erde ganz unten, dann das Wasser, darüber die Luft und ganz oben das Feuer. Auch in der Biologie, deren Schöpfer er ja ist, führte er den Gedanken einer der Natur eingegebenen Entwicklungsfähigkeit ein, die er „Entelechie", „Zielgerichtetheit", nannte.

In der Physik der Neuzeit sind zunächst keine erfolgreichen Ansätze zur Beschreibung des Zeitpfeils in der Natur zu erkennen:

- Das zweite *Newtonsche* Axiom, „Kraft ist Masse mal Beschleunigung", $F = m \cdot a$, ist invariant gegen Zeitumkehr, da a vom Quadrat der Zeit abhängt.
- Energiegleichungen können nach der Festlegung des Energiebegriffs „per se" keinen Zeitpfeil besitzen.
- Auch die Grundgleichung der Quantentheorie, die *Schrödinger*gleichung besitzt keinen Zeitpfeil; es ist damit z.B. nicht möglich, das Gesetz des radioaktiven Zerfalls aus quantentheoretischen Grundlagen abzuleiten.

Eine erste erfolgversprechende Behandlung der zeitlichen Gerichtetheit gelang 1865 *Rudolf Clausius*. Im Zeitalter der Dampfmaschine lebend, untersuchte er

– aktuelle technische Fragen verallgemeinernd – zyklische Vorgänge mit Wärmeaufnahme bzw. Wärmeabgabe ΔQ bei verschiedenen Temperaturen T und fand heraus, daß der Quotient $\Delta Q / T$, aufsummiert über alle Teilvorgänge, bei *reversiblen* Kreisprozessen eine Erhaltungsgröße darstellt, bei *irreversiblen* Prozessen insgesamt jedoch zeitlich nur zunehmen kann. Der bei irreversiblen Kreisprozessen insgesamt gewonnene Zuwachs $\Delta Q / T$ war damit geeignet, den Zeitpfeil dieser Prozesse zu beschreiben, und *Clausius* nannte ihn „Entropie" ΔS, was man am ehesten mit (zeitlichem) Gerichtetsein übersetzen kann. Die abstrakte und nur mit Wärmezufuhr oder -abfuhr verknüpfte Größe $\Delta S = \Delta Q / T$ kann allerdings den allgemeinen Begriff der Entropie als Maß des Zeitpfeils inhaltlich nicht mit Leben füllen. Die Frage bleibt somit bestehen, wie Entropie als allgemeines Maß zeitlichen Gerichtetseins auch bei anderen Vorgängen als bei Wärmeströmungen nicht nur tautologisch, sondern auch inhaltlich beschrieben werden kann.

Eine im 19. Jahrhundert erwogene Möglichkeit besteht darin, bei jedem der Vorgänge mit Zeitpfeil ein eigenes ad-hoc Gesetz zu postulieren. Als Beispiel sei das 1. *Fick*sche Gesetz genannt. Es postuliert, daß bei der irreversiblen Diffusion von Teilchen die Ursache in räumlichen Dichteunterschieden zu suchen sei. Entsprechend wären dann z.B. Differenzen der Magnetisierung die Ursache für die Entmagnetisierung usw. Auf eine allgemeine Beschreibung des Zeitpfeils wird dabei natürlich verzichtet. Allerdings sind die so aufgestellten Einzelpostulate alle von derselben Natur: Der Zeitpfeil wurde immer in Verbindung gesehen mit Ausgleichsvorgängen, mit einer Tendenz hin zu einem kontur- und kontrastlosen Universum. Die Tatsache der Evolution bleibt somit unverständlich und mit dem so verstandenen Entropieprinzip nicht vereinbar. Will man also auch den in der Natur in vielen Vorgängen erkennbaren Drang zur Vielgestaltigkeit erklären, so muß man entweder postulieren, daß sich der Entropiebegriff hierauf nicht anwenden läßt, oder aber die Entropie als allgemeines Maß des Zeitpfeils allgemeiner zu fassen versuchen.

Ein anderer Ansatz, die zeitliche Orientierung von Vorgängen zu erklären, geht auf *Herrmann v. Helmholtz* zurück: Nachdem sich die Energie als tragender Grundbegriff bei allen Vorgängen herausgestellt hatte, lag es nahe, sie zu verwenden, um ein ebenso tragfähiges Prinzip zeitlicher Ausrichtung zu finden. *Helmholtz* führte den Begriff der **„Freien Energie"** F ein, die man etwa mit „Arbeitsfähigkeit eines Systems" umschreiben kann, und stellte fest, daß in der Natur nur solche Vorgänge erlaubt sind, bei denen die Änderung ΔF der Arbeitsfähigkeit negativ ist, die Arbeitsfähigkeit F also abnimmt. Wir können heute feststellen, daß F keine Energie, sondern eine mit der Temperatur T multiplizierte Entropie ist, denn eine Änderung ΔF kann, muß aber nicht, mit einer Änderung der energetischen Verhältnisse eines Systems verknüpft sein. Läßt man z.B. Preßluft bei Zimmertemperatur frei ausströmen, so nimmt ihre Arbeitsfähigkeit ab, ΔF ist negativ, aber es gibt keine tatsächlich verrichtete Arbeit und keinen realen Energiefluß. Man erkennt, daß hier wohl ein ganz analoger begrifflicher Entwicklungsprozeß vorliegt wie etwa bei *Leibniz*, der den Begriff der Bewegungs**energie** meinte, als er von der zu seiner Zeit erklärbaren und mitteilbaren „lebendigen **Kraft**" sprach.

Die Verwendung des Begriffs der Freien Energie F – oder, bei Reaktionen unter konstantem Druck in der Chemie, der Freien Enthalpie G – ist heute noch weitestgehend üblich. Er ist ja auch durchaus nützlich und gut verwendbar, wenn man sich jederzeit über die folgende Prämisse im klaren ist: Spricht man von zeitabhängigen Werten $F(t)$ oder $G(t)$ **während** eines irreversiblen Prozesses – und das sind ja alle realen Prozesse –, so kann immer nur die Größe gemeint sein, die man erhalten **würde**, wenn der Zustand zur Zeit t auf **reversible** Weise erreicht worden wäre, denn nur bei reversiblen Prozessen kann man Energiegleichungen durch Division mit der Temperatur T zu korrekten Entropiegleichungen umformen und umgekehrt. Wir dürfen also z.B. die Abnahme der Freien Energie F bei der Expansion von Preßluft – egal, ob irreversibel beim freien Ausströmen, oder reversibel unter Arbeitsverrichtung – nur berechnen bei einem möglicherweise bloß gedachten reversiblen Ablauf.

Die Ablösung des Entropiebegriffs vom Energiebegriff erfolgte in einem genau so langwierigen Entwicklungsprozeß wie die des Energiebegriffs vom Kraftbegriff und ist bis heute noch nicht abgeschlossen. Der Anfang wurde von *Ludwig Boltzmann* gegen Ende des 19. Jahrhunderts gemacht. Die neue Grundidee besteht darin, daß die Entropie als Maß für die **Unordnung** eines Systems erklärt wurde. Neu in die Physik wurde ferner der Begriff der **Wahrscheinlichkeit** von Zuständen eines Systems eingeführt; er brachte eine Relativierung des bis dahin allein dominierenden kausalen Denkansatzes mit sich. In der berühmten Grundgleichung $S = k \cdot \ln \Omega$ gelang es, Entropie S und Wahrscheinlichkeit p eines Zustandes, der Ω mögliche (atomare) Mikrozustände besitzt, miteinander quantitativ zu verbinden und nachzuweisen, daß die größere Entropie eines Systems, d.h. seine größere Unordnung, eine höhere Wahrscheinlichkeit seines Zustands bedeutet. Man kann demnach den Unterschied zwischen dem früheren und dem späteren Zustand auf die Unterschiede des Maßes seiner Ordnung zurückführen, wobei der Zustand höherer Ordnung einem früheren Zeitpunkt zuzuordnen ist.

Einen (bisher) letzten Markstein zur Ideengeschichte des „Zeitpfeils" stellen die Veröffentlichungen von *Claude Shannon* und *Norbert Wiener* aus dem Jahr 1949 dar. Nach dem zweiten Weltkrieg war ein neues Zeitalter angebrochen, das der **Information,** ihrer Übermittlung und Verarbeitung; das Verdienst dieser Wissenschaftler besteht darin, den Informationsbegriff metrisierbar gemacht zu haben. Man muß sich dabei an einen anfangs ungewohnten und auch zunächst umstrittenen Sachverhalt gewöhnen: Der Informationsgehalt einer Nachricht oder eines Systems ist kein Maß, wieviel über die Nachricht oder das System bekannt ist, sondern wieviel (noch) **nicht** bekannt ist. Der Informationsgehalt wird definiert als die Anzahl der Alternativfragen, die gestellt werden müssen, bis man den gewünschten, verbesserten Kenntnisstand erreicht und damit den Informationsgehalt zu null reduziert hat. Die Idee des Informationsgehaltes als Meßgröße ist außerordentlich weitreichend und in ihrer Bedeutung – über die Naturwissenschaften hinaus – vielleicht noch gar nicht ausgelotet. Ist es zu gewagt, den Sinnspruch des Vorsokratikers *Anaximander* „$\alpha\rho\chi\eta\ \tau\omega\nu\ o\nu\tau\omega\nu\ \tau o\ \alpha\pi\varepsilon\iota\rho o\nu$" zeitgemäß zu übersetzen mit „der Anfang der Dinge ist ihr Informationsgehalt"?

Die Bedeutung des Begriffs des Informationsgehalts in den Naturwissenschaften beruht vor allem darauf, daß er als praktisch deckungsgleich mit dem der Entropie erkannt wurde. Die Anzahl der Alternativfragen, die bei einem System mit Ω inneren Mikrozuständen zu stellen sind, bis man einen der möglichen und noch nicht ermittelten Mikrozustände tatsächlich herausgefunden hat, ist ja gerade gegeben durch den Zweierlogarithmus von Ω. So kommt man z.B. beim Münzwurf ($\Omega = 2$) mit einer Frage, beim Wurf mit einem Tetraeder ($\Omega = 4$) mit zwei, beim Wurf mit einem Oktaeder ($\Omega = 8$) mit drei Fragen zum gewünschten Kenntnisstand, welche Seite unten liegt. Der neue Begriff versetzt uns damit in die Lage, nicht nur bei Wärmekraftmaschinen und bei Energieumsetzungen, sondern bei beliebigen irreversiblen Vorgängen, z.B. beim Übertragen von Daten und Informationen, dem Zeitpfeil eine inhaltliche Deutung zu geben:

Der Informationsgehalt eines abgeschlossenen Systems nimmt bei irreversiblen Vorgängen immer zu.

Mit dem vorliegenden Text sollen Anregungen und Hilfen geboten werden, um den Begriff des Informationsgehalts in der Schule als einen Schlüsselbegriff zur Beschreibung einer Vielzahl zeitlich ausgerichteter Vorgänge in Physik, Chemie und Biologie einzuführen. Als geistiger „Ziehvater" bei diesem Vorhaben ist *Roman Sexl* zu nennen, der sich als Ordinarius für Theoretische Physik auch in besonderem Maße in der Schuldidaktik engagierte und mit seinen unübertroffen gehalt- und humorvollen und lebendigen Vorträgen und Schriften vielen Lehrerinnen und Lehrern in bleibender Erinnerung ist.

Diese Schrift ist entstanden aus einer Arbeitsgemeinschaft über das Thema „Information und Entropie", die im *„Freiburg-Seminar"*, einer schulübergreifenden, regionalen Einrichtung zur Förderung besonders begabter und interessierter Schülerinnen und Schüler der Sekundarstufe II, abgehalten wurde. Sie dauerte ein Jahr und fand wöchentlich am Nachmittag in einer Doppelstunde statt. Das Niveau – insbesondere bei den letzten Abschnitten – liegt daher teilweise beträchtlich über dem in Durchschnittsklassen erreichbaren. Es ist andererseits gut möglich, z.B. die Abschnitte 1 bis 4 auszugsweise als in sich abgeschlossene Teileinheit z.B. in der Klassenstufe 11 im regulären Physikunterricht zu behandeln. Besonders wünschenswert wäre es, wenn dann z.B. im Chemieunterricht der folgenden Kursstufe bei der Behandlung der Energetik oder im Biologieunterricht beim Thema Evolution oder Informationsverarbeitung im menschlichen Körper auf diese Kenntnisse aufgebaut werden könnte. Das zentrale Anliegen ist dabei, daß von den Schülern die Beschäftigung mit verschiedenen Themenkreisen des naturwissenschaftlichen Unterrichts nicht nur als eine additive Abhandlung von Teilaspekten erfahren wird, sondern daß Grund- und Schlüsselideen quer durch die einzelnen Fächer erkennbar werden und zu „Aha-Erlebnissen" führen.

Das wichtigste „Studienobjekt" zum Verständnis des Begriffs des Informationsgehalts ist das **ideale Gas**. Im ersten Abschnitt werden die in einer Arbeitsgemeinschaft wohl nicht durchgängig bekannten Grundlagen bereitgestellt: die allgemeine Gasgleichung, der Zusammenhang zwischen der Teilchenenergie und der Temperatur, und auch bereits hier die *Heisenberg*sche Unschärferelation als Grund dafür, daß sich das ideale Gas einer klassischen Berechnung seiner mikroskopischen Zustände entzieht.

Der **Informationsgehalt und die Entropie als Meßgrößen**, zunächst noch nicht angewandt auf physikalische Systeme, werden im Abschnitt 2 eingeführt.

Im Abschnitt 3 werden **physikalische Entropiearten**, die Volumenentropie, die Konzentrationsentropie, die Mischungsentropie und die Wärmeentropie, hauptsächlich bei idealen Gasen behandelt. Sie ergeben sich, indem jeweils ein „Wissensdefizit" über den Ort, über Anzahlen, relative Anteile oder Bewegungszustände der Gasteilchen zahlenmäßig erfaßt werden. In 3.3 wird auch die Anzahl der Mikrozustände untersucht, wenn sehr viele, nicht unterscheidbare Teilchen zu betrachten sind; der Begriff der Zustandssumme wird erläutert, und die „Freie Entropie" $S_F = F / T$ als eigentlicher Kernbegriff der Freien Energie F wird als Informationsgehalt eines derartigen Teilchensystems definiert.

Die **Formel von *Shannon*** steht dann im Mittelpunkt des Abschnitts 4. Die erreichbaren Mikrozustände eines Systems müssen nun nicht mehr unbedingt gleich wahrscheinlich sein. Anhand einer Reihe einfacher Beispiele wird gezeigt, wie die Entropiezunahme bei irreversiblen Vorgängen nach *Shannon* berechnet werden kann.

Den Schwerpunkt des fünften Abschnitts bildet die Herleitung von zwei Wahrscheinlichkeitsverteilungen, die sich beim idealen Gas im Gleichgewicht einstellen: bei der Frage nach dem Ort der Gasteilchen die *Gauß*sche Normalverteilung und bei der Frage nach der Energie die ***Boltzmann*-Verteilung**. Das Kriterium ist dabei, daß die Entropie im Gleichgewicht ihr Maximum besitzt. Die *Shannon*sche Formel, angewandt auf die *Boltzmann*verteilung, führt dann unmittelbar zur *Sackur-Tetrode*-Gleichung für die Entropie des idealen Gases.

Während bisher immer nur eine einzelne Entropieart untersucht wurde, beginnt im sechsten Abschnitt das „Spiel mit mehreren Bällen": reversible Vorgänge werden untersucht als **Umladevorgänge** zwischen verschiedenen Entropiearten.

Das siebte Kapitel ist der Chemie gewidmet: es wird dargelegt, daß die **Freie Enthalpie** G als (mit T multiplizierte) Entropie, nämlich als Konzentrations- bzw. Mischungsentropie aufgefaßt werden sollte. Die zwei Reaktionsbeispiele am Ende des Abschnitts sind vielleicht für die Physiker (und Nichtchemiker) von Interesse, um sich ein Bild zu machen, wie die von ihnen entwickelten Grundlagen in der Chemie angewendet werden können.

Da der Ablauf irreversibler Vorgänge im Rahmen der klassischen Mechanik und der Quantenmechanik nicht beschreibbar ist, muß nach neuen Methoden gesucht werden. Im Abschnitt 8 werden *Markoff***ketten** als Zeitreihen mit eingebautem „Gedächtnisverlust" und daher mit einer Zunahme ihres Informationsgehaltes eingeführt. Es werden zwei Beispiele anhand von Computersimulationen diskutiert: das altbekannte Modell von *Ehrenfest* zur Simulation von Diffusionsvorgängen sowie das biologische Selektionsmodell von *Eigen* und *Winkler*. In einem mathematisch wohl recht anspruchsvollen, aber die Tragweite des Ansatzes aufzeigenden Abschnitt wird gezeigt, daß die grundlegende Bedingung für *Markoff*-Prozesse zur *Fokker-Planck*-Gleichung und von da zum *Wiener*schen Prozeß führt.

Der einem irreversiblen Prozeß mit dem Ort, der Fläche oder dem Volumen als Parameter innewohnende „Antrieb" steht im Mittelpunkt des neunten Abschnitts und wird als **Entropiekraft** bezeichnet. Gasdruckkräfte und die Gummielastizität werden als Entropiekräfte behandelt; es wird spekuliert, ob auch die Schwerkraft als Entropiekraft angesehen werden kann.

Im zehnten Abschnitt wird die **informationstheoretische Komplementarität** besprochen. Stellt der Informationsgehalt eines Systems, also das Maß des Mangels an Kenntnis über das System, eine physikalisch relevante Kenngröße dar, so ist mit jeder Messung, als Reduzierung des Informationsgehalts gedeutet, eine Zerstörung der ursprünglichen Natur des Systems verbunden. Es wird gezeigt, daß die über eine gewisse Zeit gemittelten örtlichen Änderungen des Informationsgehalts, die „Entropieimpulse", komplementär sind zur Ortsvariablen selbst, und daß diese Komplementarität sich in einer informationstheoretischen Unschärferelation fassen läßt, die der quantentheoretischen analog ist.

Auf einen in dieser Schrift nicht behandelten, in der Zukunft aber vielleicht bedeutenden Anwendungsbereich des Entropiebegriffs sei hier nur hingewiesen: Auf die Rolle der *Kolmogoroff*-Entropie in der Chaostheorie [36].

Herrn E. Schmidt danke ich für seine freundliche Hilfe bei der Gestaltung des Layouts.

1. Grundlagen: Eigenschaften idealer Gase

Bevor wir unser eigentliches Thema, den Entropiebegriff, im 2. Abschnitt erörtern, behandeln wir in diesem Abschnitt als Vorbereitung einige Eigenschaften von Gasen. Dabei führen wir auch die im folgenden benutzten Schreib- und Bezeichnungsweisen ein. Dieser Stoff wird natürlich auch in den meisten Schulbüchern dargestellt, z.B. in [1], [2].

Wir untersuchen zunächst, von welchen Größen das Volumen eines Gases abhängt.

1.1 Temperaturabhängigkeit des Gasvolumens

Bereits ein einfacher Freihandversuch zeigt uns, daß Luft sich bei Erwärmung ausdehnt: Wir schließen einen luftgefüllten Glaskolben mit einem Gummistopfen ab, der mit einem dünnen Glasrohr durchbohrt ist. Tauchen wir nun das En-

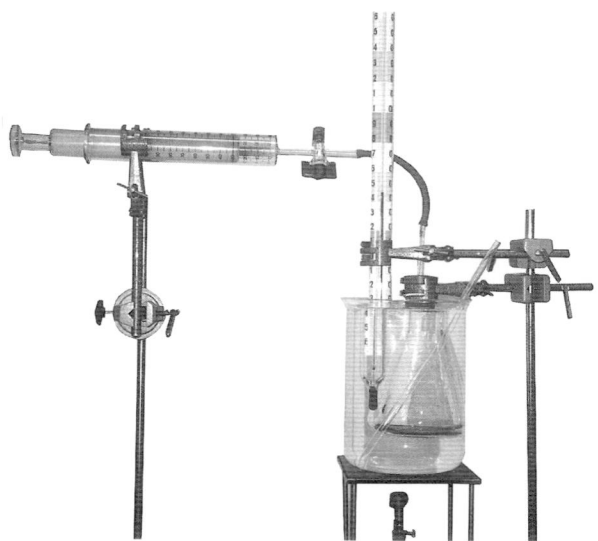

Abbildung 1.1. Versuch zur Temperaturabhängigkeit des Luftvolumens

de des Glasrohrs nach unten in Wasser ein und erwärmen den Glaskolben mit den Händen, so entweichen aus dem ins Wasser eingetauchten Rohr Luftbläschen, die nach oben zur Wasseroberfläche aufsteigen.

Zur genaueren Untersuchung müssen wir das Volumen der eingeschlossenen Luft in Abhängigkeit von der Temperatur messen.

Versuch 1: *Ein Glaskolben mit dem Volumen 370 cm³ wird mit einem durchbohrten Gummistopfen verschlossen. Durch die Bohrung führt ein Glasröhrchen, das durch einen Schlauch mit einem Kolbenprober verbunden ist. Den Glaskolben erwärmen wir im Wasserbad; dadurch wird der Stempel des Kolbenprobers nach außen gedrückt. (s. Abb. 1.1). Wir messen die Volumenzunahme ΔV der Luft am Kolbenprober in Abhängigkeit von der Temperatur ϑ.*

In Abb. 1.2 ist ΔV in cm³ in Abhängigkeit von ϑ in °C dargestellt. Wir erkennen, daß ein linearer Zusammenhang besteht.

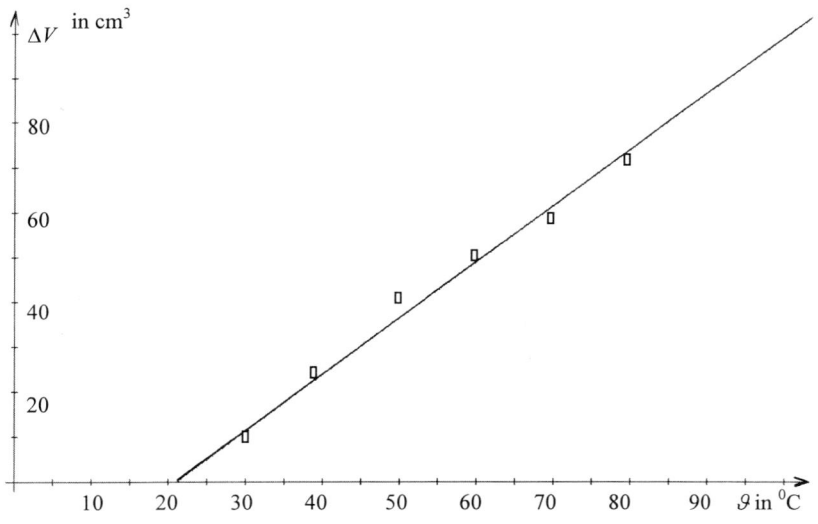

Abbildung 1.2. Volumenzunahme ΔV in Abhängigkeit von der Temperatur ϑ

Luft ist ein Gemisch aus etwa 80% Stickstoffmolekülen N_2, 20% Sauerstoffmolekülen O_2 und Spuren weiterer Atom- und Molekülsorten. Dehnen sich nun diese Gase bei gleicher Temperaturerhöhung verschieden stark aus? Zahlreiche Experimente zeigen, daß das normalerweise nicht der Fall ist. Wir dürfen damit die Ausdehnung von Luft als „repräsentativ" ansehen.

Wir richten unser Interesse nun nicht auf die Erwärmung, sondern auf die Abkühlung von Luft; dabei muß sich ja das Volumen immer weiter verringern. Die Abb. 1.3 zeigt die Extrapolation unserer Meßergebnisse aus Versuch 1 hin zu immer kleineren Temperaturen. Wir lesen ab, daß die Luft etwa bei −270 °C das Volumen 0 cm³ besitzen müßte.

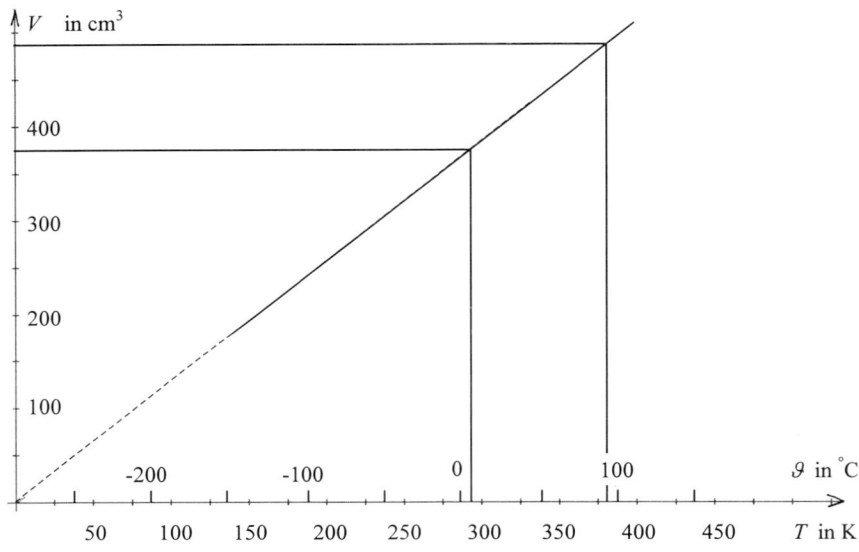

Abbildung 1.3. Volumen eines idealen Gases bei tiefen Temperaturen

Natürlich ist dieses Temperaturverhalten idealisiert, denn Stickstoff wird wegen der wechselseitigen Anziehung der Moleküle bei −196 °C zu einer inkompressiblen, wässrigen Flüssigkeit. Es ist andererseits doch nützlich, sich zu überlegen, wie ein Gas beschaffen sein müßte, für das die Extrapolation aus Abb. 1.3 zutrifft:

a) Die Moleküle eines solche Gases dürfen kein Eigenvolumen besitzen; man muß sie sich als praktisch punktförmig und damit als sehr massive Kügelchen vorstellen.

b) Zwischen den Molekülen darf es keine Anziehungskraft geben; nur beim unmittelbaren Stoß wirkt eine richtungsunabhängige Abstoßungskraft, so daß sich insgesamt eine völlig ungeordnete Bewegung ergibt.

Wir nennen ein Gas, das diese Bedingungen erfüllt, ideal.

Die Abb. 1.4 zeigt einen Modellversuch, der die Verhältnisse in einem idealen Gas veranschaulichen soll. Die Glaskügelchen, die die Gasteilchen darstellen, wirbeln im abgeschlossenen Behälter herum und heben durch ihren Aufprall den Stempel ein Stück weit nach oben an.

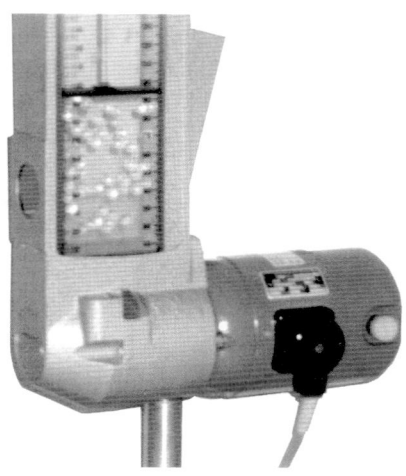

Abbildung 1.4. Modellversuch zum Verhalten der Gasmoleküle

Ist nun Luft bei Zimmertemperatur wenigstens nahezu ein ideales Gas?

Zu a): Aus dem Vergleich der Dichten von Stickstoff bei 0 °C, 1,2 g pro Liter, und bei −196 °C, 0,8 g pro cm^3, unter Normaldruck ergibt sich, daß bei Zimmertemperatur nur ein Bruchteil von 0,0012 : 0,8 ≈ 1 : 666 des Raumes durch das Eigenvolumen der Luftmoleküle erfüllt ist.

Zu b): Wir werden in Abschnitt 1.7 die Bewegungsenergien der Moleküle eines idealen Gases berechnen und herausfinden, daß sie proportional zur Temperatur anwachsen. Bei Zimmertemperatur sind sie wesentlich größer als die Bindungsenergien zwischen den meisten realen Molekülsorten.

Wir können damit Luft bei Zimmertemperatur angenähert als ein ideales Gas ansehen.

Welche Bedeutung hat nun die in Abb. 1.3 durch Extrapolation ermittelte Temperatur von etwa −270 °C? Ein ideales Gas ist bei dieser Temperatur völlig bewegungslos und besitzt also keine Bewegungsenergie. Auch reale Stoffe enthalten bei Abkühlung immer weniger „innere" Energie: Während sich z. B. in flüssigem Stickstoff die Moleküle immerhin noch durcheinander bewegen, können sie in festem Stickstoffschnee unterhalb von −210 °C nur noch Schwingungen um ihre Gleichgewichtslage im Gitter ausführen.

Es zeigt sich, daß die Stoffe bei −273 °C keine innere Energie mehr besitzen und daher auch nicht weiter abgekühlt werden können. Um negative Zahlen zu vermeiden, benutzt man daher oft eine Temperaturskala, die ihren Nullpunkt bei −273 °C besitzt, deren Schrittweite aber der Celsiusskala entspricht. Man nennt sie die *Kelvin*-Skala. (s. Abb. 1.3).

Zur Kennzeichnung von Temperaturen, die in Kelvin gemessen werden, benutzen wir den Buchstaben T.
Beispiel: $\vartheta = 10\ °C$ entspricht $T = 283$ K.
Für die Temperaturabhängigkeit des Volumens V eines idealen Gases bei konstantem Druck ergibt sich nun eine einfache Beziehung:

V **ist proportional zu** T.

Nach den Entdeckern nennt man diesen Zusammenhang das Gesetz von *Gay-Lussac*.

1.2 Druckabhängigkeit des Gasvolumens

Wir halten nun die Temperatur konstant und untersuchen, wie das Volumen von Luft sich verändert, wenn man den Druck variiert.

Auch hier zeigt uns ein Freihandversuch mit einem Kolbenprober oder mit einer Fahrradpumpe das Verhalten der Luft qualitativ an: Je mehr Druck wir ausüben, desto stärker vermögen wir die Luft zu komprimieren.

Für einen quantitativen Versuch benutzen wir zur Druckmessung ein Manometer (s. Abb. 1.5), das den absoluten Druck in bar anzeigt. Die SI-Einheit des Drucks ist das Pascal; $1\ Pa = 1\ Nm^{-2}$ ist 10^{-5} bar. Geläufig sind auch Druckangaben in Hektopascal:

$$p = 1\ cN·cm^{-2} = 100\ Pa = 1\ hPa.$$

Wir lesen ab, daß der Luftdruck der Erdatmosphäre etwa 1 bar beträgt. Er ist abhängig vom Wetter: Bei Hochdruckwetter ist er leicht erhöht, beim Heranziehen eines „Tiefs" fällt er ab. Außerdem hängt er natürlich ab von der Höhe über dem Meeresspiegel und indirekt auch von der Temperatur. Zum Vergleich von Volumenangaben bei Gasen bezieht man sich daher auf

„**Normalbedingungen**": $p_0 = 1013$ **hPa und** $T_0 = 298{,}15$ **K.**

Versuch 2: *In einem rechts abgeschlossenen Glasrohr von 1 cm^2 Querschnitt ist eine leicht verschiebbare Stahlkugel so eingepaßt, daß die eingeschlossene Luft im rechten, 15 cm langen Teil des Glasrohrs nicht entweichen kann. Am linken Ende ist eine Pumpe angeschlossen, die sowohl Über- als auch Unterdruck erzeugen kann, der auf dem Manometer abgelesen wird. Zu jedem Druckzustand lesen wir die Position der Stahlkugel und damit das Volumen der eingeschlossenen Luft ab.*

Abbildung 1.5. Versuch zur Druckabhängigkeit des Luftvolumens

Das Meßergebnis ist in Abb. 1.6 eingetragen; wie üblich, tragen wir dabei das Volumen V auf der Rechtsachse und den Druck p auf der Hochachse ab.

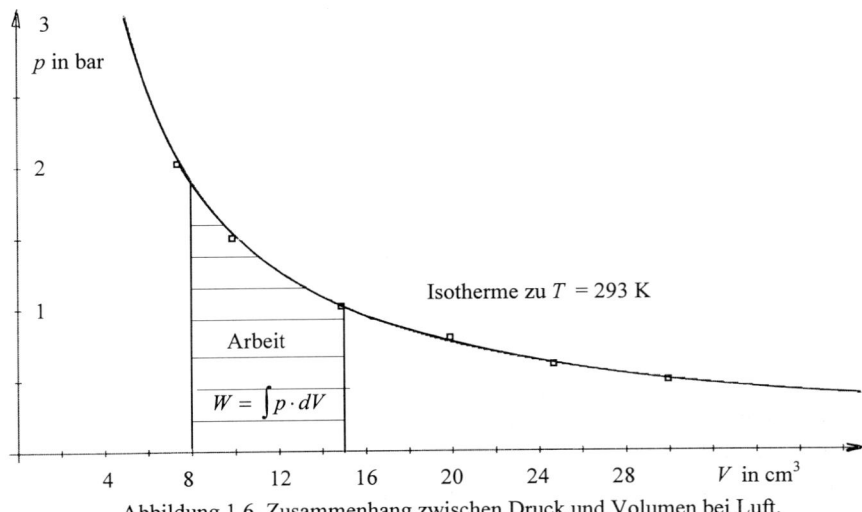

Abbildung 1.6. Zusammenhang zwischen Druck und Volumen bei Luft.

Offensichtlich gilt bei konstanter Temperatur:

p und V sind umgekehrt proportional.

Man nennt diesen Zusammenhang das Gesetz von *Boyle* und *Mariotte*.

1.3 Mengenabhängigkeit des Gasvolumens

Es ist wohl einleuchtend, daß das Gasvolumen unter Normalbedingungen proportional anwächst mit der Anzahl der Gasteilchen. Die Einheit der Teilchenzahl ist üblicherweise gegeben durch die

Avogadro-**Konstante**: $N_A = 6{,}02 \cdot 10^{23}$ Teilchen.

Man legt fest, daß eine Ansammlung von N_A gleichartigen Teilchen die Teilchenmenge 1 mol enthält.

N_A ist so definiert, daß 1 mol Kohlenstoff ^{12}C , also 12 g, gerade N_A Atome enthalten. Grob gesprochen, d. h. unter Vernachlässigung der Isotopeneffekte, kann man sagen, daß jeweils das Atomgewicht eines Stoffes in Gramm der Stoffmenge 1 mol entspricht.

O. Höfling [3] veranschaulicht die Größe von N_A mit folgendem Vergleich: Wenn die in einem Wasserglas unter normalen Bedingungen befindlichen Gasteilchen erbsengroß wären, so könnte man ganz Europa 100 m hoch damit bedecken.

Die Anzahl N der Teilchen eines Stoffes in der Einheit mol, die Molzahl, schreiben wir n_A. Besitzt ein Gas z.B. $N = 12{,}04 \cdot 10^{24}$ Teilchen, so sind es $n_A = 20$ mol. Damit gilt bei Normalbedingungen

V ist proportional zu n_A.

1.4 Abhängigkeit des Gasvolumens von der Teilchensorte

Wir vergleichen das Volumen von 1 mol Sauerstoffgas, also etwa 32 g Sauerstoff mit dem Volumen von 1 mol Wasserstoffgas, also etwa 2,016 g Wasserstoff. Volumenmessungen zeigen, daß beide Gase bei 273 K und 1013 mbar das gleiche Volumen besitzen, nämlich etwa 22,41 l.

Zahlreiche Messungen bei anderen Gasen zeigen, daß allgemein gilt:

Das Molvolumen der Gase bei 273 K und 1013 mbar ist 22,41 l.

Man nennt diese Tatsache den Satz von *Avogadro*.

1.5 Die allgemeine Gasgleichung

Wir fassen die bisherigen Ergebnisse nun zusammen: Das Volumen V eines idealen Gases hängt von der Temperatur T, dem Druck p und der Molzahl n_A ab gemäß

$$V \sim \frac{n_A \cdot T}{p}.$$

Die Proportionalitätskonstante heißt universelle Gaskonstante und wird mit R bezeichnet. Wir berechnen R:

$$R = \frac{p \cdot V}{n_A \cdot T} = \frac{1{,}013 \cdot 10^5 \text{ Pa} \cdot 22{,}41 \cdot 10^{-3} \text{ m}^3}{1 \text{ mol} \cdot 273{,}1 \text{ K}} = 8{,}31 \text{ Jmol}^{-1}\text{K}^{-1}.$$

Ohne Bruchstriche schreiben wir die allgemeine Gasgleichung

$$p \cdot V = n_A \cdot R \cdot T. \tag{1}$$

1.6 Beziehung zwischen Druck und innerer Energie beim idealen Gas

Als „innere Energie" U bezeichnen wir die in einem Körper, hier also in einem Gas, enthaltene Energie. Beim idealen Gas ist U gerade gleich der gesamten Bewegungsenergie W_{kin} aller Gasmoleküle. Die Bewegungsenergie W_{kin} pro Volumen V bedeutet damit die Dichte der inneren Energie.

Der Modellversuch nach Abb. 1.4 macht plausibel, daß mit wachsender Bewegungsenergie der Teilchen auch der Druck auf die Wände ansteigt, da sie ja mit immer größerer Geschwindigkeit aufprallen. Nach einer auf *D. Bernoulli* zurückgehenden Berechnung ist der Gasdruck gerade 2/3 der Energiedichte:

$$p = \frac{2}{3} \cdot \frac{W_{kin}}{V}. \tag{2}$$

Wie erklärt sich der Faktor 2/3? Anschaulich rührt er daher, daß die Gasmoleküle mit gleicher Wahrscheinlichkeit unter allen möglichen Einfallswinkeln auf die Oberfläche prallen und daher im Durchschnitt nur einen Bruchteil des Impulses auf die Wand übertragen, der bei senkrechtem Auftreffen anfallen würde. Eine Herleitung der Formel (2) steht z.B. in [4].

1.7 Kinetische Deutung der Temperatur T

Multiplizieren wir (2) mit V und setzen gleich mit (1), so erhalten wir

$$n_A \cdot R \cdot T = \frac{2}{3} \cdot W_{kin}. \qquad (3)$$

Die Temperatur T ist damit der inneren Energie $U = W_{kin}$ des Gases direkt proportional.

Natürlich besitzen die Gasmoleküle ganz unterschiedliche Geschwindigkeiten, die sich auch von Stoß zu Stoß nach Größe und Richtung verändern; wir können aber eine durchschnittliche Bewegungsenergie eines Moleküls berechnen, indem wir W_{kin} durch die Anzahl $N = n_A \cdot N_A$ der Moleküle teilen. Die durchschnittliche Bewegungsenergie pro Molekül ist demnach

$$w_{kin} = \frac{W_{kin}}{N} = \frac{3}{2} \cdot \frac{R}{N_A} \cdot T = \frac{3}{2} \cdot k \cdot T. \qquad (4)$$

Die Konstante $k = \dfrac{R}{N_A}$ heißt zu Ehren des Physikers *Ludwig Boltzmann*

Boltzmann-Konstante und hat den Wert $k = 1{,}38 \cdot 10^{-23}$ JK^{-1}.

Bei einem idealen Gas ist die mittlere Bewegungsenergie eines Gasteilchens

$$w_{kin} = \frac{1}{2} \cdot m \cdot v^2$$

Mit (4) ergibt sich daraus folgende Formel für die Molekülgeschwindigkeit:

$$v = \sqrt{\frac{3 \cdot k \cdot T}{m}}. \qquad (5)$$

1.8 Gase als Drehscheibe des Energietransports

Die Abb. 1.7 zeigt schematisch, wie Energie in ein Gas hinein und auch hinaus gelangen kann.

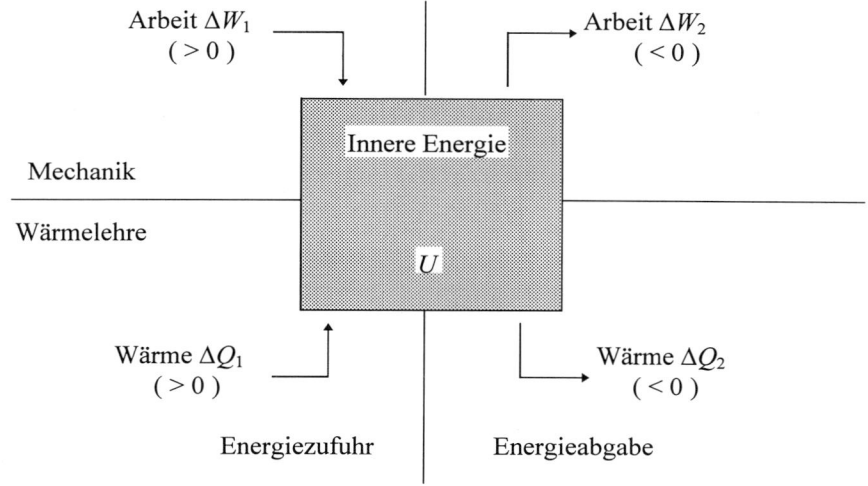

Abbildung 1.7. Energiedrehscheibe Gas.

Die Aufnahme oder Abgabe von Wärme kann z.B. dadurch geschehen, daß man das Gas in Kontakt mit wärmeren oder kälteren Stoffen bringt. Arbeit vermag ein Gas zu leisten, indem es z.B. einen Stempel durch den inneren Gasdruck nach außen schiebt; dadurch vergrößert es sein Volumen.

Versieht man die Energiezufuhr in Form von Arbeit oder Wärme mit positiven Vorzeichen und die Energieabgabe mit negativen, so kann man die Energiebilanz für die innere Energie U bei Energietransporten gemäß Abbildung 1.7 angeben:

$$\Delta U = \Delta Q + \Delta W.$$

Man nennt diese Gleichung den **1. Hauptsatz der Wärmelehre**.

Im einfachsten Fall ist in Abbildung 1.7 nur eine Zu- bzw. Ableitung „aktiv": das Gas nimmt dann jeweils ausschließlich Wärme ΔQ_1 auf, gibt Wärme ΔQ_2 ab, läßt an sich Arbeit ΔW_1 verrichten oder verrichtet selbst Arbeit ΔW_2. Nach (3) ändert sich dabei seine Temperatur T. Man nennt Zustandsänderungen des Gases, bei denen nur Wärme bei konstantem Volumen fließt ($\Delta W = 0$ J) „isochor"; Zustandsänderungen ohne Wärmefluß ($\Delta Q = 0$ J) nur aufgrund von Volumenänderungen „adiabatisch". Wir untersuchen diese Fälle zunächst genauer:

1.9 Die Spezifische Wärmekapazität des idealen Gases

Um einen Körper der Masse m von der Temperatur T_1 auf die Temperatur T_2 zu erwärmen, benötigt man eine bestimmte Wärmemenge Q, die der Masse m und der Temperaturerhöhung $\Delta T = T_2 - T_1$ proportional ist. Der Proportionalitätsfaktor c gibt an, wieviel Wärme Q erforderlich ist, um 1 kg eines Stoffes um 1 K zu erwärmen, und hängt damit nur vom untersuchten Stoff ab; er heißt spezifische Wärmekapazität. Es gilt also

$$Q = c \cdot m \cdot (T_2 - T_1). \qquad (6)$$

Mehr physikalische Einsicht erhält man, wenn man die erforderliche Wärme nicht auf 1 kg, sondern auf die Molmasse des zu erwärmenden Stoffs bezieht.

Beispiel: Tabellen entnimmt man, daß man zur Erwärmung von 1 kg Helium um 1 K bei konstantem Volumen Q = 3,12 kJ aufwenden muß. Da 1 mol Helium 4 g entspricht, ist die spezifische molare Wärmekapazität damit

$$C_V = 3{,}12 \text{ kJ} / 250 \text{ mol} = 12{,}5 \text{ J mol}^{-1}\text{K}^{-1}.$$

Wir stellen fest, daß dies gerade das 1,5 fache des Wertes von R ist.

Beim idealen Gas dient ja nun die Zufuhr von Wärme Q ausschließlich der Erhöhung der Bewegungsenergie W_{kin} der Moleküle. Durch Vergleich von (3) mit (6) erhalten wir somit für die molaren spezifischen Wärmekapazitäten, kurz Molwärmen genannt

$$C_V = \frac{3}{2} \cdot R. \qquad (7)$$

Der Index V gibt an, daß während der Erwärmung das Volumen konstant gehalten wird. C_V ist damit für alle idealen Gase gleich.

1.10 Kompressionsarbeit beim idealen Gas

Wenn wir den Schlauch eines Fahrradreifens aufpumpen, so müssen wir gegen den Gasdruck Arbeit verrichten. Ist das Volumen des Schlauchs groß im Vergleich zum Luftvolumen in der Pumpe, so wird der Gasdruck während einer

Pumpbewegung nicht ansteigen; falls jedoch das verfügbare Gasvolumen merklich verkleinert wird, wächst der Druck deutlich.

Wir nehmen zunächst an, daß die Volumenänderung ΔV sehr klein ist im Vergleich zu V. Verschieben wir also bei konstantem Druck (man nennt die Zustandsänderung dann „isobar") den Stempel eines Kolbens mit der Querschnittsfläche A um die Strecke s, so können wir die Kompressionsarbeit W einfach berechnen gemäß

$$W = F \cdot s = \frac{p}{A} \cdot s \cdot A = p \cdot V. \qquad (8)$$

Diese Arbeit läßt sich im p-V Diagramm als Fläche veranschaulichen (s. Abb. 1.8).

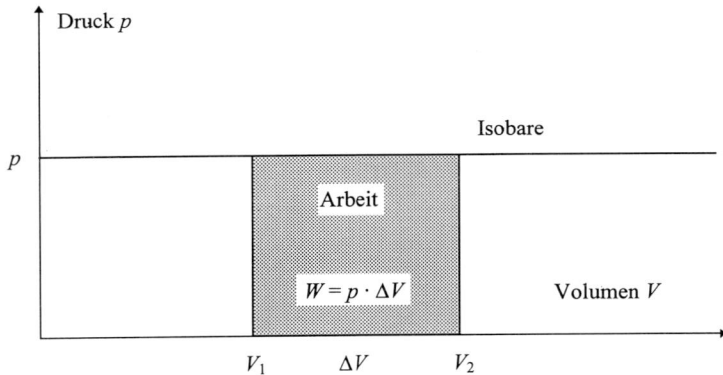

Abbildung 1.8 Darstellung der Kompressionsarbeit als Fläche

Den Fall der adiabatischen Expansion mit variablem Druck wollen wir nicht betrachten.

1.11 Isotherme Zustandsänderungen

Wir untersuchen in Abb. 1.7 noch den Fall, daß zwei „Energieschienen" aktiv sind, nämlich die zueinander diagonal liegenden; es soll sogar genau so viel Wärmeenergie fließen wie Arbeit am oder vom Gas verrichtet wird, nach dem Motto

„zwing Wärme rein, zwing Arbeit raus"

oder umgekehrt. Nach (4) bleibt dann die Gastemperatur und die innere Energie U unverändert; bei dieser „isothermen" Zustandsänderung gilt für Druck und Volumen das Gesetz von *Boyle-Mariotte* (s. 1.2).

Für ein ideales Gas kann die Arbeit im p-V-Diagramm (s. Abb. 1.6) wie in 1.10 als Fläche unter dem Schaubild der Druckfunktion veranschaulicht werden. Allerdings ist die Fläche unter der Hyperbel

$$p(T) = n_A \cdot R \cdot \frac{T}{V}$$

exakt nur mit Hilfe der Integralrechnung zu ermitteln: Um das Volumen des Gases von V_1 auf V_2 zu vergrößern, ist die Arbeit

$$W = \int_{V_1}^{V_2} p(V) \cdot dV = \int_{V_1}^{V_2} n_A \cdot R \cdot \frac{T}{V} \cdot dV = n_A \cdot R \cdot T \cdot \ln\frac{V_2}{V_1} \tag{9}$$

zu verrichten. Dabei bedeutet $\ln(x)$ den natürlichen Logarithmus von x, also den Logarithmus zur Basis e. Zum Glück ist die Funktion $\ln(x)$ auf jedem Schultaschenrechner verfügbar, so daß auch ohne Kenntnis der Integralrechnung mit $x = V_2 / V_1$ die Arbeit W nach (9) ausgerechnet werden kann.

1.12 Molwärmen bei konstantem Druck, C_p

Wir untersuchen noch, wieviel Wärme aufgewendet werden muß, um ein Mol eines idealen Gases bei konstantem Druck um die Temperaturdifferenz $\Delta T = T_2 - T_1$ zu erwärmen. Nach (1) erhöht sich dabei ja das Gasvolumen um ΔV gemäß $p \cdot \Delta V = R \cdot \Delta T$, wozu nach (7) vom Gas die Arbeit $\Delta W = p \cdot \Delta V$ zu verrichten ist. Diese Expansionsarbeit muß durch eine Wärmezufuhr $\Delta Q_V = \Delta W$ ausgeglichen werden, die zur Wärme $\Delta Q_T = 3/2 \cdot R \cdot \Delta T$ nach (6) noch hinzukommt. Insgesamt ist die erforderliche Wärme also

$$\Delta Q = \Delta Q_V + \Delta Q_T = R \cdot \Delta T + \frac{3}{2} \cdot R \cdot \Delta T = \frac{5}{2} \cdot R \cdot \Delta T.$$

Man nennt

$$C_p = \frac{5}{2} \cdot R \qquad (10)$$

spezifische molare Wärmekapazität bei konstantem Druck.

1.13 Mikrozustände beim idealen Gas

Wir verwenden nun das bisher Gelernte, um einige „mikroskopische" Eigenschaften der Gasmoleküle von Luft zu berechnen. Da die Moleküle von Stoß zu Stoß unterschiedliche Positionen und Geschwindigkeiten besitzen, können wir natürlich immer nur Mittelwerte angeben. Wir nehmen an, daß die Moleküle alle die Masse von Stickstoff, $m = 14 \cdot 1{,}67 \cdot 10^{-27}$ kg $= 2{,}3 \cdot 10^{-27}$ kg, besitzen.

Mit (1) berechnen wir zunächst die Anzahl n_A der Mole, die in einem Kubikmeter des Gases bei 0 °C enthalten sind:

$$n_A = \frac{p \cdot V}{R \cdot T} = \frac{1{,}013 \cdot 10^5 \text{ Pa} \cdot 1 \text{ m}^3}{8{,}31 \text{ JK}^{-1} \cdot 273{,}1 \text{ K}} = 44{,}6 \text{ mol}.$$

Das sind $N = n_A \cdot N_A = 2{,}69 \cdot 10^{25}$ Moleküle.

Jedes Molekül hat damit ein Volumen $V = 1 \text{ m}^3 / N = 3{,}72 \cdot 10^{-26} \text{ m}^3$ zur Verfügung. Denken wir uns dieses Volumen V als Würfel, so besitzt er eine Kantenlänge von $a = 3{,}3 \cdot 10^{-9}$ m $= 3{,}3$ nm. Wie in 1.1 berechnet, nimmt das Molekül selbst nur etwa den tausendsten Teil dieses Volumens ein. Blicken wir durch eine Seitenfläche in den Würfel, so beträgt die Querschnittsfläche des Moleküls ein hundertstel der Seitenfläche des Würfels. Ein Molekül wird also im Durchschnitt etwa 100 Würfelvolumen durchfliegen, bevor es mit einem anderen Molekül zusammenstößt. Wir nennen diese Länge l, hier also $l \approx 100 \cdot a \approx 330$ nm, **„mittlere freie Weglänge des Moleküls "**.

Welche Durchschnittsgeschwindigkeit besitzt nun ein Molekül bei Normalbedingungen? Mit (5) berechnen wir

$$v = \sqrt{\frac{3 \cdot k \cdot T}{m}} = \sqrt{\frac{3 \cdot 1{,}38 \cdot 10^{-23} \cdot 273}{14 \cdot 1{,}67 \cdot 10^{-27}}} \; \frac{\text{m}}{\text{s}} \approx 500 \; \frac{\text{m}}{\text{s}}.$$

Der Impuls $p = m \cdot v$ eines Moleküls ist damit durchschnittlich

$$p = 2 \cdot 14 \cdot 1{,}67 \cdot 10^{-27} \cdot 500 \text{ kg ms}^{-1} = 2{,}34 \cdot 10^{-23} \text{ kg m s}^{-1}.$$

Wir berechnen nun die Zeit τ, die ein Molekül benötigt, um mit der Geschwindigkeit v die Strecke l zurückzulegen:

$$\tau = \frac{l}{v} = 6{,}6 \cdot 10^{-10} \text{ s} \approx 0{,}7 \text{ ns}.$$

Die Zeit τ ist ein Maß dafür, wie häufig die Moleküle des Gases im Durchschnitt zusammenstoßen; wir nennen τ **„mittlere Stoßzeit"**.

1.14 Grenzen der klassischen Mechanik beim idealen Gas

Der Physiker *P.S. Laplace*, der von 1749 bis 1827 lebte, schrieb angesichts der hervorragenden Erfolge der Himmelsmechanik bei der Berechnung der Planetenbewegungen im 18. Jahrhundert folgende Zeilen [5]:

> *Wir müssen also den gegenwärtigen Zustand des Universums als Folge seines früheren Zustandes ansehen und als Ursache des Zustands, der danach kommt. Eine Intelligenz, die in einem gegebenen Augenblick alle Kräfte kennt, mit denen die Welt begabt ist, und die gegenwärtige Lage der Gebilde, die sie zusammensetzen, und die überdies umfassend genug wäre, diese Kenntnisse der Analyse zu unterwerfen, würde in der gleichen Formel die Bewegungen der größten Himmelskörper und die des leichtesten Atoms einbegreifen. Nichts wäre für sie ungewiß; Zukunft und Vergangenheit lägen klar vor ihren Augen.*

Könnte nicht ein geschickter Billardspieler seinen Queue so präzise in der Hand halten und so gezielt stoßen, daß alle Kugeln des Spiels genau unter dem richtigen Winkel getroffen werden?

Könnte nicht ein noch geschickterer Experimentator 10^{25} Moleküle in einem Gasbehälter so „präparieren", daß sie sich für alle Zukunft in genau vorausberechneten Bahnen bewegten, so daß man jederzeit alle Positionen und Geschwindigkeiten genau „im Griff hätte"?

Könnte es nicht schließlich einen (*Laplace*schen) Dämon geben, der die ganze Welt wie ein Uhrwerk aufgezogen hat und nun nur noch zuschaut, wie alles nach den Gesetzen der Mechanik streng determiniert abläuft?

Während die meisten Physiker im 19. Jahrhundert diese Frage wohl eher bejaht hätten, wissen wir heute, daß unserer Kenntnis über die physikalische Welt durch die *Heisenbergsche* **Unschärferelation** nicht überwindbare Grenzen gesetzt sind. Wir werden auf die Interpretation der Unschärferelation in Abschnitt 10 noch zurückkommen und wollen uns hier nur klarmachen, daß es auch dem geschicktesten Experimentator unmöglich ist, detaillierte Aussagen über Bahnen, Geschwindigkeiten und Zusammenstöße von Molekülen eines Gases zu machen.

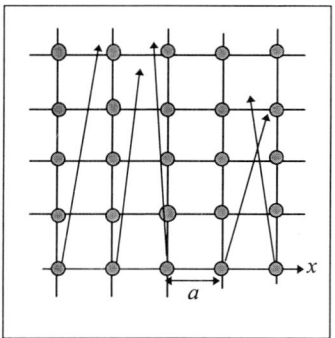

Abbildung 1.9. Geordneter Anfangszustand der Gasmoleküle

Nehmen wir einmal an, wir hätten es erreicht, zur Zeit $t = 0$ s alle Moleküle wie in Abb. 1.9 jeweils an den Kreuzungspunkten eines schachbrettartigen Liniennetzes anzuordnen, dessen Abstände durch den mittleren Molekülabstand a (s. 1.13) gegeben sind; dabei sind auch noch gewisse Streuungen der Orte in x-Richtung zugelassen: die Standardabweichung Δx der Ortsverteilung sei immerhin noch ein Zehntel von a, $3{,}3 \cdot 10^{-10}$ m, und damit größer als der Moleküldurchmesser. Nach der Unschärferelation gibt es nun in x - Richtung eine nicht unterschreitbare Streuung der Impulse der Moleküle. Es ist einfach nicht möglich, von einem bestimmten Molekül zu behaupten, es habe in x-Richtung genau den Impuls $0 \cdot \text{kg m s}^{-1}$; für die Standardabweichung Δp_x der Impulsverteilung gilt vielmehr die Relation

$$\Delta x \cdot \Delta p_x \geq \frac{h}{2 \cdot \pi} = \hbar . \qquad (11)$$

Dabei ist $h = 6{,}62 \cdot 10^{-34}$ Js das sog. *Plancksche* **Wirkungsquantum**, die grundlegende Naturkonstante der Quantentheorie.

Mit (11) erhalten wir $\Delta p_x = 3{,}2 \cdot 10^{-25}$ kgms^{-1} und damit eine relative Standardabweichung der Flugrichtung $\Delta p_x / p_x \approx 1{,}4$ %. Nach einer Flugstrecke der Länge l resultiert eine Standardabweichung ΔX des Ortes, die gemäß

$$\Delta X : l = \Delta p_x : p_x$$

bereits $4{,}5 \cdot 10^{-9}$ m, also das zwanzigfache der Anfangsunsicherheit beträgt und wesentlich größer ist als der mittlere Molekülabstand a. Nach der mittleren Stoßzeit $\tau \approx 0{,}7$ ns haben damit die Moleküle meistens die zunächst denkbaren Stoßpartner verfehlt und das vorhandene Anfangswissen zur Zeit $t = 0$ s verwischt.

Der Verzicht auf detaillierte Information ist also unumgänglich.

Eine ähnliche Relation wie Gleichung (11) zwischen Ort und Impuls gilt auch zwischen Zeit und Energie. Wenn man ein System nur eine Zeit Δt lang beobachtet, ist es unmöglich, seine Energie genauer festzulegen als bis auf eine Standardabweichung ΔW, die sich aus

$$\Delta t \cdot \Delta W \geq \hbar$$

ergibt.

Beim idealen Gas sind diese Zeitspannen Δt aufgrund der unkontrollierbaren Zusammenstöße der Moleküle auf die mittlere Stoßzeit τ begrenzt. Die Energie eines Moleküls kann daher nicht exakt angegeben werden, sondern muß in einem Bereich ΔW variieren. Insbesondere kann sie nicht exakt null werden, wenn nicht τ unendlich groß ist; damit kann auch die Temperatur T des Gases, die ja nach (3) ein Maß für die durchschnittliche Teilchenenergie darstellt, nicht null werden. Die Standardabweichung der kinetischen Energie der Teilchen, Δw_{kin} ist nun sicher nicht größer als der Durchschnittswert $w_{kin} = 3/2 \cdot k \cdot T$ nach (4), so daß gilt

$$\tau \cdot \frac{3}{2} \cdot k \cdot T \geq \hbar.$$

Größen, bei denen das Produkt der Standardabweichungen den Wert $\hbar$ nicht unterschreiten kann, nennt man **komplementär**. Impuls und Ort sowie Energie und Zeit sind zueinander komplementär.

2. Information als Meßgröße

Ist die Bilanz des ersten Kapitels nicht enttäuschend? Selbst ein so primitives System wie ein ideales Gas verwehrt uns einen detaillierten Einblick in sein „Innenleben"; wir haben keine Chance, die Informationen zu erhalten, die wir benötigen, um die Entwicklung seiner Mikrozustände berechnen zu können. In dieser Situation liegt es nahe, eine Methode anzuwenden, die sich in der Physik schon öfter bewährt hat (z.B. beim Aufbau der speziellen Relativitätstheorie) und die vom englischen Mathematiker *Whittaker* "Prinzip des Unvermögens" genannt wurde [6]:

> *Wenn man auf Schranken der Erkenntnis stößt, die sich nicht überwinden lassen, so erhebt man diese zum Prinzip und stellt sie an die Spitze der Theorie.*

Nach diesem Denkansatz müßten wir also die fehlende Information über unser System, mit anderen Worten seinen „Informationsgehalt", zur beherrschenden Meßgröße erheben, denn offensichtlich ist gerade die Unkenntnis über das System eine besonders charakteristische Eigenschaft von ihm.

Ist das nicht ein hoffnungsloses Unterfangen, eine Idee, eine Vorstellung wie die von „Information", zu einer Meßgröße zu machen? Wir wollen die Problematik dieses Vorgehens durch die Gegenüberstellung zweier Sätze verdeutlichen:

> a) *„Der Mond ist aufgegangen, die goldnen Sternlein prangen am Himmel hell und klar".*
> b) *„Bei klarem Nachthimmel sind ungefähr 5000 Sterne bis zur 6. Größenklasse zu sehen."*

Während es im ersten Satz um die Schilderung eines subjektiven Eindrucks geht, versucht der zweite Satz eine objektive Aussage zu machen, deren Wahrheitsgehalt durch „wahr" oder „falsch" erschöpfend beschrieben ist. Dabei muß der Sternzähler bei b) natürlich auch Eindrücke, nämlich die Helligkeiten von Punkten bewerten; er beschränkt sich aber ganz bewußt auf ein einziges, fest vorgegebenes Raster seiner Empfindungen.

Wir wollen die Problematik der "Metrisierung" noch an einem anderen, uns Europäern als Meßgröße längst vertrauten Begriff betrachten, dem der Zeit: *P. Davies* [7] legt dar, wie in anderen Kulturen Zeit oft „nur" als subjektiver Eindruck angesprochen wird, z.B. als „Traumzeit" bei den Ureinwohnern Australiens: Im

Traum wird die heilige, heldenhafte, längst vergangene Zeit, als der Mensch und die Natur so wurden, wie sie sind, gegenwärtig. Was die Europäer die Vergangenheit nennen, ist für viele Ureinwohner Vergangenheit **und** Gegenwart. Ein Gefühl der Unvereinbarkeit kommt nicht auf, weil Ereignisse wichtiger sind als Daten. Wir Europäer sind dagegen gewohnt, die Zeit in unserem Alltagsleben rational zu erfassen und zu messen.

Auch der Begriff der Information muß, um zur Meßgröße zu werden, objektiviert und damit auch entleert werden: niemals können wir die **Bedeutung** messen, die eine erhaltene Information für jeden von uns besitzt. Es ist zwar nützlich, z.B. die Größe der erhaltenen Information mit dem subjektiven Überraschungsmoment, dem „Aha-Erlebnis" in Beziehung zu setzen; im Prinzip muß aber die Informationsmenge einer Nachricht unabhängig von Empfindungen berechenbar sein.

Information meßbar gemacht zu haben, ist das Verdienst von *C. E. Shannon* und *W. Weaver* [8] . Wir werden in diesem Kapitel zunächst noch nicht die Formel von *Shannon* behandeln, sondern nur einen Spezialfall, nämlich den, daß alle möglichen Ausgänge bei einer Messung gleich wahrscheinlich sind.

2.1 Definition des Informationsbegriffs

Zur Einführung betrachten wir ein Ratespiel:

In einer Schule mit 64 Zimmern (siehe Abb. 2.1) hat der Lehrer einen Gegenstand verloren (z.B. einen Schulschlüssel, ein Notenbüchlein oder seine Handschuhe). Die Schüler wissen die Zimmernummer, wollen aber den suchenden Pädagogen ein bißchen auf die Folter spannen und auf seine Fragen immer nur mit „Ja" oder „Nein" antworten.

Wie viele Alternativfragen benötigt der Lehrer, bis er am Ziel ist, wenn er überhaupt keine Ahnung hat, wo er suchen soll?

Sinnvollerweise wird er nicht eine Zimmernummer nach der anderen abfragen, denn er müßte dann im Durchschnitt 32 Fragen stellen, bis er am Ziel ist. Besser ist es, mit jeder Frage die Hälfte aller möglichen Zimmer auszuschließen, etwa durch die Worte „Ist der Gegenstand im rechten Teil des Hauses?", „Ist er im vorderen Viertel?", „Im rechten Achtel?", „Im vorderen Sechzehntel?" usw.

Wir erkennen, daß man mit 6 derartigen Fragen immer zum Ziel kommt.

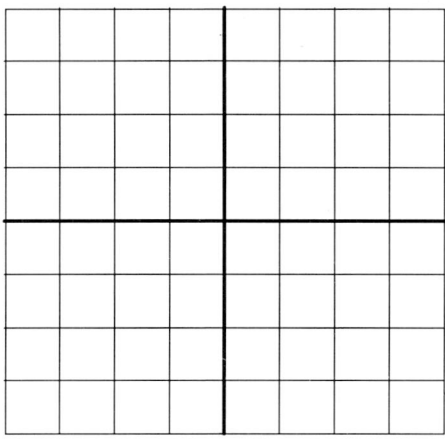

Abbildung 2.1. Grundriß der Schule mit 64 Räumen.

Wir denken uns nun eine bestimmte Reihenfolge von Fragen vorgegeben. Man kann die Antworten durch die Zahlen „1" für „Ja" bzw. „0" für „Nein" verschlüsseln und die Zimmernummer damit durch eine Folge von sechs Einsen bzw. Nullen, also eine sechsstellige Dualzahl festlegen. Die Zimmernummer 43 könnte z.B. durch 101011 kodiert sein.

Wir legen nun folgendes fest:

Die Größe der Information ist gegeben durch die Anzahl der Alternativfragen, die man benötigt, um alle gewünschten Auskünfte zu erhalten.

Da diese Anzahl gleich der Zahl der Stellen der entsprechenden Dualzahl, der „binary digits" oder „bits" ist, erhalten wir als Einheit der Information das bit;

1 bit entspricht dem Informationsgehalt, der in der Antwort auf eine Alternativfrage enthalten ist.

Der Informationsgehalt bei unserem Beispiel ist damit 6 bit.

Wir betonen nochmals, daß dadurch nichts über die Bedeutung dieser Information für den Lehrer gesagt ist: ob er z.B. überglücklich über die wiedergefundenen Schlüssel ist, oder ob er seine alten Handschuhe eigentlich kaum vermißt hat.

R. U. Sexl hat den Unterschied zwischen dem objektiven Informationsgehalt und der Bedeutung der Information in einem kurzen fiktiven Gespräch zwischen einem Philosophen *A* und einem Informationstheoretiker *B* zusammengefaßt:

A.: „Sein oder Nichtsein - das ist hier die Frage!"
B.: „Ihre Unklarheit besitzt den Informationsgehalt 1 bit!"

Eine Frage ist aufgrund der Definition oben ungeklärt: Was verstehen wir unter „gewünschten" Auskünften? Betrachten wir wieder unser Beispiel: Vielleicht ist der Schulleiter der Schule damit zufrieden, daß ein gesuchter Lehrer sich im vorderen Viertel der Schule aufhält und dort Aufsicht führt? Vielleicht sucht eine Schülerin in der Schule ihre Haarspange und ist mit der Angabe der Zimmernummer durchaus nicht zufrieden, da dort die Sucherei erst losgeht.

Diese Beispiele illustrieren uns eine wichtige Tatsache:

Es gibt keine absolute Information, sondern immer nur Information in Bezug auf zwei vorgegebene „sematische Ebenen", nämlich auf die Ebene eines vorgegebenen Kenntniszustandes und auf die des gewünschten Kenntniszustandes. Nach *C.F. von Weizsäcker* bezeichnen wir den gegebenen Kenntniszustand als **„Makrozustand"** und die n dazu gehörigen detaillierteren Kenntniszustände als **"Mikrozustände"**. (siehe Abb. 2.2).

Bei unserem Beispiel gibt es also $g_1 = 64$ Mikrozustände zum gegebenen Makrozustand, wenn wir nach der Zimmernummer fragen; der Schulleiter hat dagegen nur $g_2 = 4$ Mikrozustände im Blick, wenn er wissen will, ob ein Lehrer Aufsicht führt. Bei der Suche nach der Haarspange sind möglicherweise in jedem Zimmer nochmals 6 Alternativfragen nötig, so daß $g_3 = 64 \cdot 64 = 2^{12}$ ist.

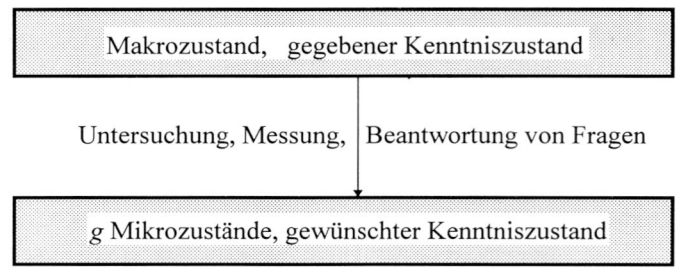

Abbildung 2.2. Messung als Reduzierung des Informationsgehalts

Liefert uns eine Messung die gewünschte Auskunft, so wird dabei der Informationsgehalt des Systems reduziert.

Hat etwa das Mädchen in unserem Beispiel seine Haarspange gefunden, dann ist dadurch der Informationgehalt des Systems „Schulgebäude mit Haarspange" um 12 bit reduziert worden.

Wir drücken den Informationsgehalt h eines Systems mit g gleichwahrscheinlichen Mikrozuständen nun noch durch eine Formel aus:

$$h = \log_2(g) \tag{12}$$

Wir können bei n gleich wahrscheinlichen Ausgängen auch die Wahrscheinlichkeit $p = 1/g$ der Ausgänge einsetzen und erhalten

$$h = \log_2\left(\frac{1}{p}\right) = -\log_2(p). \tag{13}$$

Falls g keine Zweierpotenz ist, kann man zur Berechnung mit dem Taschenrechner auch Zehnerlogarithmen $\log_{10}(g)$ oder natürliche Logarithmen $\ln(g)$ benutzen; es gelten die Gleichungen

$$\log_2(g) = \frac{\log_{10}(g)}{\log_{10}(2)} = \frac{\ln(g)}{\ln(2)}$$

Gleichberechtigt zu h benutzen wir auch ein mit dem *Boltzmann*-Faktor k (siehe 1.7) multipliziertes Informationsmaß s, das wir **Entropie** nennen; anstelle der Zweierlogarithmen schreiben wir hier natürliche Logarithmen:

$$s = k \cdot \ln(g) = k \cdot \ln(2) \cdot \log_2(g) \approx k \cdot 0{,}7 \cdot h. \tag{14}$$

s besitzt die physikalische Dimension von k, also JK^{-1}.

In vielen Fällen interessieren wir uns nicht nur dafür, welchen Informationsgehalt ein einzelnes Objekt besitzt, also z.B. ein einzelner Schlüssel; vielmehr wollen wir die Gesamtinformation angeben, die N gleichartige, aber unterscheidbare Objekte, also z.B. 6 einzelne Schlüssel besitzen. Falls diese Objekte nicht korreliert sind (falls sich also z.B. die Schlüssel nicht an einem gemeinsamen Ring befinden), so wird der gesamte Informationsgehalt H bzw. die Gesamtentropie S

$$H = N \cdot h \quad \text{bzw.} \quad S = N \cdot s. \tag{15}$$

Die Benennung von H schließt sich an die Bezeichnungsweise von *L. Boltzmann* an, der die Entropie mit dem großen griechischen Buchstaben für „Eta", dem H abkürzte.

Um die pro Sekunde in einem Nachrichtenüberträger, einem „Kanal" fließende Information anzugeben, benutzt man die Einheit Baud, abgekürzt Bd:

1 Bd = 1 bit pro s.

2.2 Einfache Beispiele

a) Beim Wurf mit einem Würfel hat die Aussage „es wird die Augenzahl Sechs geworfen", den Informationsgehalt $h = \log_2(6) \approx 2{,}5$ bit. Man benötigt im Durchschnitt mehr als zwei, aber weniger als drei Alternativfragen, um das Ergebnis zu erhalten.

b) Geht man von einem Alphabet mit 32 Zeichen aus, so enthält jeder Buchstabe fünf bit an Information. In Abb. 2.3 ist rechts ein Lochstreifen dargestellt, wie er früher benutzt wurde, um die 32 Zeichen durch eine entsprechende Kombination von vorhandenen oder nicht vorhandenen Löchern zu verschlüsseln; jede Zeile enthält hier also die Kodierung eines Buchstabens.

Ein durchschnittliches Wort mit 6 Buchstaben besitzt damit $H = 30$ bit. Auf einer Schreibmaschinenseite mit 35 Zeilen und jeweils 60 Anschlägen pro Zeile ist der Informationsgehalt $H = 10500$ bit enthalten. Dabei berücksichtigen wir allerdings nicht, daß die Zeichen nicht mit gleicher Häufigkeit auftreten und auch je nach Sprache untereinander korreliert sind. Wir kommen hierauf in Abschnitt 4 zurück.

c) Wie groß ist der von einem Schwarzweiß-Fernseher gelieferte Informationsfluß, wenn das Bild aus $625 \cdot 800 = 500000$ Bildpunkten (neudeutsch pixels von engl. picture elements) mit jeweils 16 möglichen Grautönen 25 mal pro Sekunde neu aufgebaut wird?
$$H = 25 \cdot 500000 \cdot \log_2(16) \text{ bit} \cdot \text{s}^{-1} = 5 \cdot 10^7 \text{ Bd}.$$

Auch hier haben wir natürlich Korrelationen zwischen den einzelnen Bildpunkten nicht berücksichtigt. Jedenfalls müßten wir pro Sekunde etwa 5000 Seiten lesen, um denselben Informationsfluß zu erzielen wie beim Betrachten von Fernsehbildern.

d) Verschlüsselung von Erbanlagen in der DNS: Der Biologe *B. Hassenstein* schreibt in seinem Lehrbuch zur Biologischen Kybernetik [9]:

„Es ist eine der eigenartigsten und erregendsten Tatsachen des Lebensgeschehens, daß die unermeßliche Verschiedenheit der erblichen Eigenschaften von Menschen, Tieren, Pflanzen, Bakterien und Viren, und daß

auch die erbliche Verschiedenheit zwischen den Menschen verschiedener Rassen und der Individuen der gleichen Rassen allein auf Unterschieden in der Reihenfolge der vier Nucleotide A,T,G und C in der Erbsubstanz DNS beruht, und daß es diese Reihenfolge ist, die bestimmt, welche Eigenschaften sich während der Entwicklung des Organismus ausbilden."

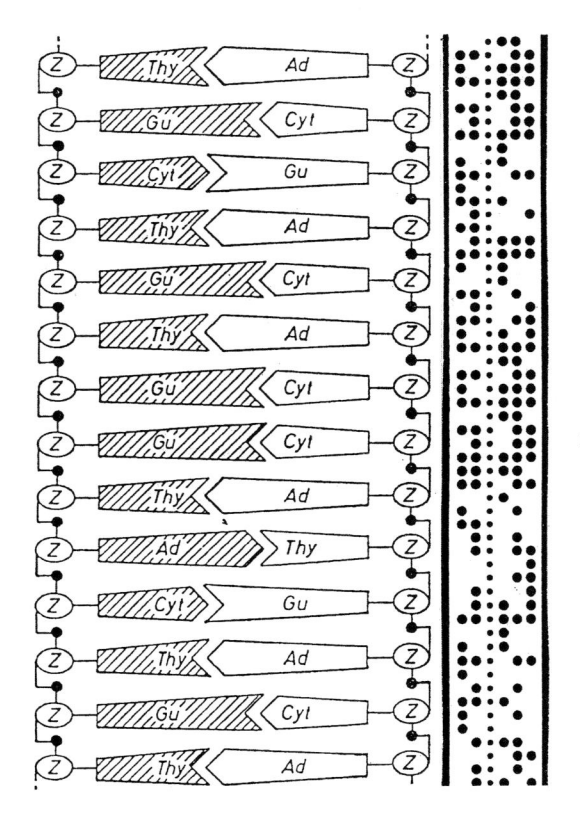

Abbildung 2.3

links: Schema der entdrillten DNS nach [10]

rechts: Lochstreifen

Informationstheoretisch gesprochen, hat die Natur beim Codieren der Lebensvorgänge ein Alphabet ersonnen, das vier Buchstaben A,T,G und C benutzt. Der Einbau eines bestimmten Nucleotids an einer vorgegebenen Stelle der DNS besitzt damit den Informationsgehalt 2 bit; man kann ihn vergleichen mit dem Stanzen eines von vier möglichen Lochcodes auf einem Lochstreifen. Allerdings beträgt die Breite einer solchen „Lochung" auf dem „Lochstreifen" DNS nur etwa $1{,}2 \cdot 10^{-9}$ m. Der aufgerollte und verdrillte „Lochstreifen" DNS besitzt beim Menschen eine Länge von insgesamt etwa 60 cm, so daß die genetische Gesamtinformation bei 10^9 bit liegt. Hätte jede Lochung die Breite 4 mm, so wäre der Lochstreifen 2000 km lang.

e) Als letztes Beispiel betrachten wir die Figuren eines Schachspiels: Warum halten wir eine Dame für „mächtiger" als einen Läufer? Warum erfordert ein Bauer beim Vorrücken immer mehr Beachtung des Gegners? Wann ist ein Springer im Feld gut postiert? Eine ganz wichtige Rolle spielt dabei jeweils die Anzahl g der Felder, die von der Figur bedroht werden können (oder wie beim vorgerückten Bauer vielleicht demnächst bedrohbar sind). Wir vergleichen in der folgenden Tabelle den Informationsgehalt $h = \log_2(g)$ einiger Figuren bei jeweils optimaler Position:

Figur	Dame	Turm	Läufer	Springer	Bauer
g	27	14	13	8	3
h	4,7	3,8	3,7	3	1,6

Natürlich hängt der Wert einer Figur auch von anderen Faktoren ab, ob sie z.B. gefesselt ist oder in der Lage ist, einen Doppelangriff zu führen. Andererseits begegnen wir bei diesem Beispiel einem interessanten Gedanken: Offensichtlich ist der Informationsgehalt h eine die Figur, d.h. ihren Tauschwert, gut charakterisierende Meßgröße.

2. 3 Die *Stirling*sche Formel

Haben Sie schon einmal beim Lotto „6 aus 49" mitgespielt? Wie groß wäre der Informationsgehalt der Nachricht, daß Sie alle 6 Zahlen richtig angekreuzt haben? Hierzu müssen wir nach (12) zunächst die Anzahl g aller möglichen Tipkombinationen kennen.

Wir können das Ausfüllen des Tipscheins damit vergleichen, daß wir $r = 6$ mal nacheinander in eine Urne greifen, in der $n = 49$ numerierte Kugeln liegen. Die bereits herausgeholten Kugeln dürfen dabei nicht mehr zurückgelegt werden, da ja eine angekreuzte Zahl nicht nochmals getippt werden kann. Auf die Reihenfolge der gezogenen Kugeln kommt es jedoch nicht an, da auch beim Tippen die Reihenfolge des Ankreuzens gleichgültig ist. In der Stochastik nennt man eine Auswahl nach einem derartigen Verfahren eine „**Ungeordnete Stichprobe ohne Zurücklegen vom Umfang r aus n Elementen**".

Die Anzahl g aller Tipmöglichkeiten erhalten wir, wenn wir bedenken, daß beim ersten Zug 49 Kugeln, beim zweiten noch 48, usw., und beim sechsten

Zug nur noch 43 Kugeln in der Urne sind. Käme es auf die Reihenfolge an, so gäbe es also 49·48·...·44·43 mögliche Kombinationen. Andererseits gibt es 6·5·4·3·2·1 mögliche Vertauschungen der gezogenen Kugeln, denn die erste kann ja bei allen sechs Ziehungen, die zweite nur noch bei den restlichen fünf Ziehungen usw. gewählt werden.

In der Mathematik schreibt man ein Produkt der Art $1 \cdot 2 \cdot ... \cdot r = r!$ und spricht „r-Fakultät". Die Anzahl g Teilmengen vom Umfang r aus einer Grundmenge vom Umfang n nennt man auch **Binomialkoeffizienten** und schreibt

$$g = \binom{n}{r} = \frac{n!}{r! \cdot (n-r)!}.$$

Damit ist

$$g = \frac{49 \cdot 48 \cdot ... \cdot 44}{1 \cdot 2 \cdot ... \cdot 6} = \frac{49 \cdot 48 \cdot ... \cdot 44 \cdot 43 \cdot ... \cdot 1}{1 \cdot 2 \cdot ... \cdot 6 \cdot 43 \cdot ... \cdot 1} = \frac{49!}{6! \cdot 43!} = 13983816$$

und $h = \log_2(g) = 23{,}74$ bit. Unter Verwendung der Logarithmengesetze hätten wir auch direkt $h = (\ln 49! - \ln 6! - \ln 43!) / \ln(2)$ berechnen können.

Bei der Untersuchung von Gasen werden nun unsere Stichproben einen um viele Zehnerpotenzen größeren Umfang N besitzen, so daß wir $\ln(N!)$ auf dem Taschenrechner nicht mehr berechnen können. Wir greifen dann auf die **Näherungsformel von *Stirling*** zurück, deren Beweis man in Hochschulbüchern findet, z.B. in [11]:

$$\ln(N!) \approx \tfrac{1}{2} \ln(2\pi) + (N + \tfrac{1}{2}) \cdot \ln(N) - N \qquad (16)$$

Wir werden im allgemeinen von einer noch gröberen Näherung Gebrauch machen:

$$\ln(N!) \approx N \cdot \ln(N) - N \qquad (17)$$

Die Güte dieser Näherungen untersuchen wir mit Hilfe eines Taschenrechners in der folgenden Tabelle:

N	20	40	60	80
$\ln(N!)$	42,3	110,3	188,6	- E -
nach (16)	42,3	110,3	188,6	273,1
nach (17)	39,9	107,5	185,6	270,6

Wir lesen ab, daß (16) eine ausgezeichnete Näherung darstellt, und daß der prozentuale Fehler von (17) mit wachsendem N immer geringer wird.

In der Näherung (17) ergibt sich in unserem Beispiel $H \approx 26{,}3$ bit.

2.4 Das Gesetz von *Weber* und *Fechner*

Bereits nach den ersten Unterrichtswochen in der Schule sind wir wohl in der Akustik mit der merkwürdigen Tatsache konfrontiert worden, daß wir unseren Sinnen nicht unbedingt trauen können: glauben wir, daß die Höhe einer Reihe von Tönen, also z.B. von „a" jeweils um eine feste Distanz von einer Oktave zunimmt, so belehrt uns ein Tonfrequenzmeßgerät, daß folgender Zusammenhang zwischen subjektiver Höhenempfindung und Tonfrequenz f besteht.

Tonhöhe T	a_0	a_1	a_2	a_3	a_4
Frequenz f	220	440	880	1760	3520

Offensichtlich gilt hier $f = 220 \cdot 2^n$, wobei n gerade der Index von a ist.

Die subjektiven Oktavintervalle sind damit proportional zu den Logarithmen der Frequenzverhältnisse. Während im Bereich von a_0 bis a_1 ein Halbtonintervall $220 \text{ Hz} \cdot 2^{1/12} - 220 \text{ Hz} \approx 13$ Hz umfaßt, sind es im Bereich von a_3 bis a_4 über 100 Hz. Die relative Frequenzänderung $\Delta f / f$ eines Halbtonschritts ist immer $2^{1/12} - 1 \approx 5{,}9\,\%$. Das bedeutet, daß wir bei tieferen Tönen wesentlich geringere Frequenzunterschiede als Tonhöhenunterschiede wahrnehmen können als bei höheren Tönen; $\Delta f / f$ liegt beim Menschen etwa bei $0{,}5\,\%$.

Einen entsprechenden Zusammenhang finden wir, wenn wir mit Hilfe eines Schallpegelmeßgeräts, wie es auf dem Lehrmittelmarkt erhältlich ist, subjektive Lautstärkeempfindungen L in dezibel (db) mit dem Verhältnis S von Schallstärken in Watt pro m², wie sie von einem Lautsprecher abgegeben werden, vergleichen:

relative Lautstärke L	0	20	40	60	80
relative Schallstärke S	1	10^2	10^4	10^6	10^8

Analog zu den Tonhöhen ist auch hier die Fähigkeit des Menschen, Schallstärken zu unterscheiden, bei leisen Geräuschen wesentlich besser ausgeprägt als bei Lärm. Die relativen Schallstärkedifferenzen $\Delta S / S$, die gerade noch unterscheidbar sind, liegen bei einigen Prozent.

Auch beim Zusammenhang zwischen den subjektiven Sternhelligkeiten und den Verhältnissen der Lichtintensitäten von Sternen gilt ein entsprechendes Gesetz: Bereits in der Antike wurden die Sterne nach ihrer Helligkeit in sechs Größenklassen m eingeteilt; dabei sollten die hellsten Sterne der Klasse 1 und die gerade noch erkennbaren Sterne der Klasse 6 angehören. In der modernen Astronomie ist es andererseits möglich, mit Fotozellen die Lichtintensität in Watt pro m² direkt zu messen. Für den Zusammenhang zwischen den Intensitätsverhältnissen I und den relativen Größenklassen m gilt nach *Pogson* [12]

relative Größe m	0	1	2	3	4
relative Intensität	1	0,398	0,158	0,063	0,025

In Formeln ausgedrückt, gilt: $I = 10^{-0,4m}$ oder $m = -2,5 \cdot \lg(I) \approx -0,75 \cdot \log_2(I)$.

Allgemein haben *Weber* und *Fechner* 1859 das „psychophysische Grundgesetz" aufgestellt:

Empfindungen sind proportional zu den Logarithmen der Reize.

Wir wollen dieses Gesetz aus der Sicht der Informationstheorie beleuchten: Dabei gehen wir aus von einem Kenntniszustand über ein System, dem Makrozustand, und suchen herauszufinden, in welchem der möglichen Mikrozustände das System sich tatsächlich befindet. Im ersten Beispiel wissen wir z.B. zunächst nur, daß ein Ton erklingen wird; nach dem Erklingen steht für uns aufgrund einer Messung auch die Frequenz fest. Die Mikrozustände sind dabei die möglichen Frequenzen. Sind nun alle Ausgänge bei der Untersuchung gleich wahrscheinlich, so ist der Informationsgehalt des Systems proportional zum Logarithmus der Anzahl m der Mikrozustände und damit zur Größe der Skala möglicher Empfindungen.

Der Informationsgehalt eines Systems entspricht beim Menschen der Vielzahl unterscheidbarer Wahrnehmungen.

Mit Hilfe der Differentialrechnung können wir den Zusammenhang auch anders formulieren: Da für den Informationsgehalt h gilt $h \sim \ln m$, ist die Änderung Δh von h, die mit der Änderung von m um die Größe Δm einhergeht, gegeben durch

$$\Delta h \sim \frac{\Delta m}{m}.$$

Dabei hängt Δh nicht von der speziellen Wahl eines Mikrozustandes ab, sondern nur von der Anzahl m selbst. Im ersten Beispiel ist etwa die Änderung des Informationsgehaltes Δh bei der Erweiterung der registrierbaren Tonhöhen um eine Oktave jeweils 1 bit, da $\Delta m / m = \Delta f / f = 1$ ist. Bei der Erweiterung um ein Halbtonintervall ist Δh jeweils 1 / 12 bit, unabhängig davon, wieviele Halbtöne bereits registrierbar sind; kein Halbton ist bevorzugt.

Auf der Skala möglicher Wahrnehmungen besitzen alle Einzelempfindungen denselben Informationsgehalt.

Zu Beginn dieses Abschnitts haben wir betont, daß Information als Meßgröße unabhängig von subjektiven Empfindungen formal bestimmbar sein muß; das *Weber-Fechner*sche Gesetz zeigt uns nun, daß unsere Definition des Informationsbegriffs auch **sinnvoll** ist: Die subjektiven Empfindungen unserer Sinnesorgane liefern ein gutes Maß für den objektiven Informationsgehalt eines Reizes.

3. Einige Entropiearten in der Physik

Wir haben im letzten Abschnitt den Begriff der Information h bzw. H und der Entropie s bzw. S für Systeme, deren Mikrozustände alle gleichwahrscheinlich sind, eingeführt, ohne uns auf andere physikalische Meßgrößen zu beziehen. Die SI-Einheit JK^{-1} von s bzw. S ergab sich auf künstliche Weise, indem die dimensionslosen Größen h bzw. H u.a. mit der *Boltzmann*schen Konstanten k multipliziert wurden. Die Frage ist also berechtigt, ob diese Größen überhaupt physikalische Relevanz besitzen, da sie doch im klassischen Aufbau der physikalischen Meßgrößen aus den Grundgrößen keine Stellung einnehmen. Bevor wir auf diese Frage im folgenden Abschnitt eine Antwort suchen, wollen wir in diesem Abschnitt den Informationsgehalt bzw. die Entropie einiger physikalischer Systeme berechnen.

3.1 Volumenentropie

Der gegebene Makrozustand besteht hier, wie beim einführenden Beispiel 2.1 in einem Kenntniszustand darüber, in welchem Volumen V_1 sich ein Objekt befindet; alle Teilbereiche von V_1 sind dabei gleich wahrscheinlich. Nach der Untersuchung ist bekannt, in welchem neuen Volumen V_2 sich das Objekt aufhält, wobei wiederum kein Teilbereich von V_2 bevorzugt ist. Aufgrund dieser Annahmen können wir die Formeln (12) bis (15) verwenden, verzichten andererseits darauf, Übergangszustände, bei denen lokale Ungleichheiten der Aufenthaltswahrscheinlichkeiten unvermeidbar sind, zu beschreiben.

Wir können nun in beliebig guter Annäherung ein „Elementarvolumen" V_0 finden und Zahlen g_1 und g_2, so daß $V_1 = g_1 \cdot V_0$ und $V_2 = g_2 \cdot V_0$. Im Beispiel 2.1 entsprechen g_1 bzw. g_2 den Zimmerzahlen und V_0 dem Volumen eines Zimmers. Nach (12) ist dann der Informationsgehalt h_1 bzw. h_2 über das Volumen V_1 bzw. V_2: $h_1 = \log_2(g_1) = \log_2(V_1/V_0)$ und $h_2 = \log_2(g_2) = \log_2(V_2/V_0)$.

Die Änderung Δh des Informationsgehalts ist unabhängig von V_0:

$$\Delta h_V = h_2 - h_1 = \log_2\left(\frac{g_2}{g_1}\right) = \log_2\left(\frac{V_2}{V_1}\right). \qquad (18)$$

Entsprechend gilt nach (14)

$$\Delta s_V = s_2 - s_1 = k \cdot \ln\left(\frac{V_2}{V_1}\right). \tag{19}$$

Die Abb. 3.1 veranschaulicht für sechs Modellteilchen die Änderungen des Informationsgehalts pro Teilchen, Δh und die Änderung für die $N = 6$ Teilchen, ΔH sowie die Entropieänderungen Δs pro Teilchen und ΔS für sechs Teilchen.

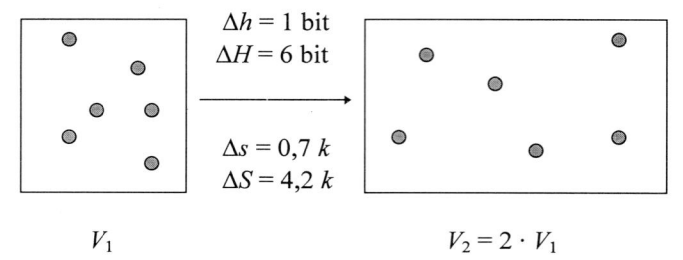

$\Delta h = 1$ bit
$\Delta H = 6$ bit

$\Delta s = 0{,}7\,k$
$\Delta S = 4{,}2\,k$

V_1 $\qquad\qquad V_2 = 2 \cdot V_1$

Abbildung 3.1. Zunahmen von h, H, s und S bei Volumenverdopplung

Wir betrachten einige Anwendungen:

– Zuwachs der Volumenentropie beim isobaren **Erwärmen** eines idealen Gases: Nach (1) gilt für das Volumen v pro Molekül $v = k \cdot T / p$, so daß sich bei einer Temperaturerhöhung von T_1 auf T_2 die Entropie ändert gemäß

$$-\;\Delta s_V = k \cdot \ln\left(\frac{T_2}{T_1}\right).$$

– Zuwachs der Volumenentropie beim **Verdampfen**: In 1.1 haben wir aus dem Vergleich der Dichten von flüssigem Stickstoff und von Luft bei 0 °C geschlossen, daß sich das Volumen beim Verdampfen etwa um den Faktor 1000 vergrößert. Bei dieser groben Abschätzung haben wir die Volumenzunahme durch die Erwärmung vernachlässigt. Der Volumenzunahme entspricht eine Entropiezunahme von $\Delta s_V = k \cdot \ln(1000) \approx 7\,k$. Beim Verdampfen von 1 mol Stickstoff wächst die Volumenentropie danach also um $\Delta S_V = 7 \cdot R \approx 58$ JK^{-1}.

– Zuwachs der Volumenentropie beim **Verdunsten** von Parfüm: die Entropiezunahme ist hier i.a. noch viel größer als beim Verdampfen, da die Volumenzunahme eines Parfümtropfens aus einem Fläschchen z.B. in einem Lehrerzimmer sehr groß ist.

– Zunahme der Volumenentropie bei der **Lösung** von Zucker oder Salz in Wasser. Auch hier wächst das verfügbare Volumen der Zuckermoleküle.

– Abnahme der Volumenentropie von Sauerstoff beim **Rosten** von Eisen: Das Rosten ist ein ziemlich komplizierter chemischer Vorgang. In der Endbilanz läßt er sich durch die Reaktionsgleichung 4 Fe + 3 O_2 $\to$ 2 Fe_2O_3 darstellen. Dabei wird das verfügbare Volumen des Sauerstoffs drastisch reduziert, da er vom gasförmigen Zustand in den festen Zustand „eingesperrt" wird. Wir schätzen das Volumenverhältnis ab durch das Verhältnis der Dichten bei Normalbedingungen: $V_1 : V_2 = \rho_2 : \rho_1 \approx 0{,}2 \cdot 1{,}3$ g/l : 7,2 kg/l $\approx$ 1 : 28000. Die Abnahme der Volumenentropie bei der Bindung von 1 mol Sauerstoff an Eisen beträgt damit $\Delta S_V \approx - R \cdot \ln(28000) = - 85$ JK^{-1}.

3.2 Die Zustandssumme beim idealen Gas

In 3.1 haben wir immer nur Differenzen von Volumenentropien berechnet. Die Angabe eines absoluten Informationsgehalts h_V bei der Frage nach dem Aufenthaltsort erscheint nicht möglich, da ja die Rasterung in elementare Zellen mit Volumen V_0 beliebig fein gemacht werden kann und h_V dabei beliebig groß wird. Tatsächlich ist das aber doch nicht möglich, und zwar aufgrund der Unschärferelation (11) der Quantentheorie. Wir ermitteln nun für ein ideales Gas das „Elementarvolumen" V_0:

Nach (5) besitzt ein Gasteilchen bei der Temperatur T die mittlere Geschwindigkeit $\overline{v} = \sqrt{3 \cdot k \cdot T / m}$ und damit den mittleren Impuls $\overline{p} = m \cdot \overline{v} = \sqrt{3 \cdot k \cdot T \cdot m}$. Der durchschnittliche Impuls in x-Richtung, $\overline{p_x}$ verhält sich zu $\overline{p}$ wie die Kantenlänge zur Raumdiagonalen bei einem Würfel, also wie 1 : $\sqrt{3}$, so daß $\overline{p_x} = \sqrt{k \cdot T \cdot m}$ ist. Natürlich kommen auch wesentlich kleinere und größere Impulse vor. Um die *Heisenberg*sche Unschärferelation zu verwenden, müssen wir die Standardabweichung Δp_x der relativen Häufigkeiten der Impulse p_x berechnen; dies geschieht mit Hilfe der Integralrechnung. Wir geben hier nur das Ergebnis an: $\Delta p_x = \overline{p_x} / \sqrt{2 \cdot \pi}$. Die Standardabweichung Δx des Aufenthaltsortes eines Moleküls wird damit $\Delta x \approx h/(2 \cdot \pi \cdot \Delta p_x) = h/\sqrt{2 \pi \cdot m \cdot k \cdot T}$. Aufgrund der Unschärferelation gibt es also bei einem idealen Gas der Temperatur T ein kleinstes Volumen

$$V_0 = (\Delta x)^3 = \left(\frac{h^2}{2 \pi \cdot m \cdot k \cdot T} \right)^{\frac{3}{2}}, \qquad (20)$$

innerhalb dessen eine weitere Präzisierung einer Ortsangabe nicht möglich ist.

Für ein Heliumatom ^{4}He bei $T = 273$ K wird $V_0 = 1{,}47 \cdot 10^{-31}$ m^3. Ein Würfel mit dem Volumen V_0 hätte die Kantenlänge $\Delta x = 5{,}4 \cdot 10^{-11}$ m = 54 pm; das entspricht etwa der Atomgröße. Bei tiefen Temperaturen steigt V_0 aber stark an.

Ist der Aufenthaltsort eines Gasteilchens nun nur bis zum Volumen $V (> V_0)$ bekannt, so ist die Anzahl der Mikrozustände $g_0 = V / V_0$. Ein **einzelnes** Teilchen besitzt damit die (temperaturabhängige) Volumenentropie $s_V = k \cdot \ln(g_0)$.

Wir berechnen als Beispiel s_V für ein Heliumatom ^{4}He bei 273 K, das im Volumen $V = 22{,}4$ l eingesperrt ist:

$s_V = k \cdot \ln(22{,}4 \cdot 10^{-3} / 1{,}47 \cdot 10^{-31}) = k \cdot \ln(1{,}52 \cdot 10^{29}) = 67{,}2\, k = 9{,}3 \cdot 10^{-22}$ JK^{-1}.

Besteht das Gas aus N Teilchen, so erhalten wir die Gesamtzahl g_N aller Mikrozustände als Produkt der N Faktoren g_0, also ist $g_N = g_0^N$. Dabei ist nicht ausgeschlossen, daß sich zwei Teilchen im selben Elementarvolumen aufhalten. Da die Wahrscheinlichkeit p bei Zimmertemperaturen hierfür jedoch verschwindend gering ist ($p \approx 1 : 10^{58}$), vernachlässigen wir diesen Fall.

Falls die N Gasteilchen identisch sind, kann man allerdings nicht unterscheiden, welches Teilchen sich gerade in welchem der N verschiedenen Elementarvolumen V_0 aufhält und muß g_N daher noch durch die Anzahl der möglichen Vertauschungen der N Teilchen, also durch $N!$ teilen. Wir nennen die Anzahl $g_N / N!$ der Mikrozustände „**Freie Zustandssumme**" und schreiben in Anlehnung an die übliche Schreibweise dafür Z_N. Die Entropie des Gases mit dem Volumen V nennen wir „**Freie Entropie**" S_F, da sie die „Ortsfreiheit" der Gasmoleküle beschreibt. Es gilt

$$S_F = k \cdot \ln(Z_N) = k \cdot \ln(g_0^N / N!). \qquad (21)$$

Wollen wir S_F für große Teilchenzahlen, z.B. für 1 mol mit dem Taschenrechner bestimmen, so müssen wir die *Stirling*sche Näherung (17) verwenden; damit erhalten wir für S_F:

$$S_F = k \cdot N \cdot \ln(g_0) - k \cdot (N \cdot \ln(N) - N) = k \cdot N \cdot (\ln(g_0/N) + 1). \qquad (22)$$

Wir berechnen S_F für 1 mol ^{4}He im Volumen 22,4 l bei 273 K:

$S_F = R \cdot (\ln(1{,}52 \cdot 10^{29} / 6{,}02 \cdot 10^{23}) + 1) = 13{,}44\, R = 111{,}2$ JK^{-1}.

3.3 Die Konzentrationsentropie

Wir erläutern zunächst den Begriff der Konzentration an unserem „Schulhausbeispiel" in 2.1: Falls es in allen 64 Klassenzimmern je einen Tafelschwamm gibt, ist die Konzentration c der Schwämme 100% oder 1. Normalerweise ist das aber natürlich nie der Fall; gäbe es z.B. in 16 von 64 Zimmern einen

Schwamm, so wäre $c = 16 / 64 = ¼ = 25\%$. Wir erkennen, daß die Konzentration c der Schwämme im Schulhaus nichts anderes bedeutet als die Wahrscheinlichkeit p, einen Schwamm bei einer Stippvisite in einem Zimmer zu finden.

Wir können allgemein $c = p$ setzen und erhalten für den der Konzentration c entsprechenden Informationsgehalt h_K nach (13)

$$h_K = - \log_2(c). \qquad (23)$$

Entsprechend gilt nach (14) für die Konzentrationsentropie s_K

$$s_K = - k \cdot \ln(c). \qquad (24)$$

Wie in 3.1 setzen wir dabei voraus, daß es innerhalb des verfügbaren Volumens keine Konzentrationsschwankungen gibt; Ausgleichsvorgänge lassen sich mit (23) und (24) also nicht beschreiben.

Wenn wir die Konzentration nur einer Objektsorte betrachten, ist die Konzentrationsentropie nichts anderes als eine Volumenentropie: Steigt das verfügbare Volumen von V_1 auf V_2 an, so sinkt die Konzentration von c_1 auf c_2 und für die Änderung der Konzentrationsentropie gilt $\Delta s_K = - k \cdot \log_2(c_2 / c_1)$. So sinkt etwa in den Beispielen in 3.1 beim Verdunsten und bei der Lösung die Konzentration des Parfüms bzw. des Zuckers, da das verfügbare Volumen wächst.

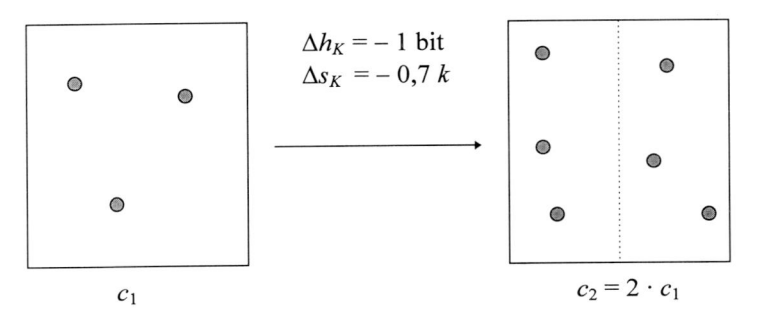

$\Delta h_K = - 1$ bit
$\Delta s_K = - 0{,}7\, k$

$c_1 \qquad\qquad c_2 = 2 \cdot c_1$

Abbildung 3.2. Zunahme von h_K und s_K bei Verdopplung der Teilchenkonzentration.

Als Beispiel betrachten wir das Protolysengleichgewicht in Wasser. Auch in reinem Wasser H_2O gibt es aufgrund der umkehrbaren Reaktion

$$H_2O \ + \ H_2O \ \Leftrightarrow \ H_3O^+ \ + \ OH^-$$

bei Zimmertemperatur eine Konzentration $c = 10^{-7}$ an H_3O^+-Ionen. Durch Zugabe von Säuren oder Basen kann diese Konzentration in weitem Maß verändert werden. Man nennt den negativen Wert des Zehnerlogarithmus von c den pH-Wert [13]:

$$pH = -\log_{10}(c_{H_3O}).$$

Für reines Wasser ist pH also 7.

Der pH- Wert ist damit proportional zur Konzentrationsentropie s_K:

$$s_K = -k \cdot \ln c = -k / \lg(e) \cdot \lg c \approx 0{,}43\, k \cdot pH.$$

Wir untersuchen nun noch die Konzentrationsentropie beim idealen Gas.

Falls wir N Gasteilchen in ein Volumen V eingeschlossen haben, ist die Konzentration $c \sim N/V$. Aus (20) in 3.2 ergibt sich nun allerdings, daß es für c einen durch die Unschärferelation vorgegebenen Bezugswert $c_0 \sim 1/V_0$ gibt, wenn sich nämlich im Elementarvolumen V_0 genau ein Teilchen aufhält. Für das in 3.2 betrachtete ^{4}He-Atom bei 273 K wird z.B. $c_0 \sim 6{,}8 \cdot 10^{30}$ Teilchen pro m^3. Im einführenden Beispiel entspräche der Konzentration c_0 eine vollständige Versorgung aller Klassenzimmer mit Tafelschwämmen.

Man kann nun die Konzentration c_0 als Norm („Makrozustand") ansehen und kleinere Konzentrationen c auf c_0 beziehen. Man nennt die Zahl $Z_1 = c_0 / c = 1/V_0 \cdot V/N = V/V_0 \cdot 1/N = g_0 / N$ **„Einteilchen-Zustandssumme"**, da sie auch die Zahl der Mikrozustände in Bezug auf das mittlere Volumen $v = V/N$ eines **einzelnen** Gasteilchens angibt. Die Entropie

$$s_K = k \cdot \ln(Z_1) = k \cdot \ln\left(\frac{c_0}{c}\right) = k \cdot \ln\left(\frac{g_0}{N}\right) = k \cdot \ln\left(\frac{V}{V_0} \cdot \frac{1}{N}\right) \qquad (25)$$

können wir als mit c_0 normierte Konzentrationsentropie bezeichnen; im Hinblick auf den weiter unten benutzten Begriff des chemischen Potentials nennen wir s_K auch **„Chemische Entropie"**.

In der *Stirling*schen Näherung besteht mit der freien Entropie pro Teilchen, $s_F = S_F / N$ von (22) folgender Zusammenhang:

$$s_K = s_F - k. \qquad (26)$$

3.4 Binäre Mischungen

Wir betrachten als Beispiel zunächst Fehler in atomaren Kristallgittern.

Ein regelmäßig aufgebauter Einkristall ist ja geradezu der Inbegriff von vollkommener Ordnung; bei der Suche nach Leerstellen, „Löchern" im Gitteraufbau werden wir nicht fündig werden und diesem Idealzustand daher den Informationsgehalt 0 bit zuordnen.

In Anlehnung an *R. U. Sexl* [14] betrachten wir einen kleinen Ausschnitt von 4×4 Atomen eines zweidimensionalen Modellkristalls. Bei idealer Ordnung sind alle 16 Gitterplätze besetzt. Falls nun eine Leerstelle existiert, müssen wir 4 Alternativfragen stellen, um ihren Ort herauszufinden; der Informationsgehalt bei der Frage nach der Gitterordnung erhöht sich also um 4 bit. Bei 2 Leerstellen gibt es bereits 16 · 15 / 2 = 120 mögliche Anordnungen der Leerstellen, und der Informationsgehalt ist um 6,9 bit gewachsen.

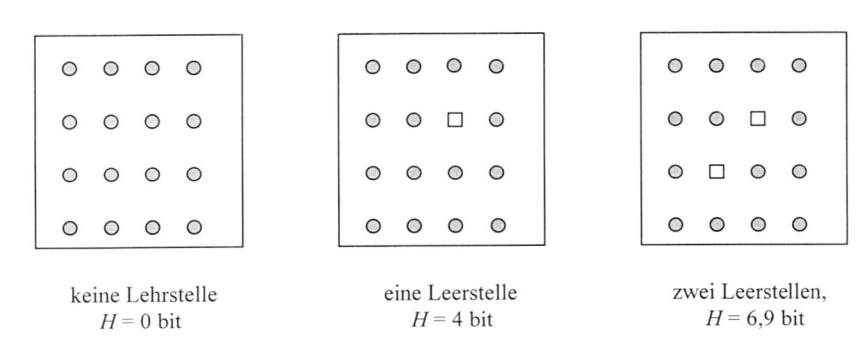

keine Lehrstelle	eine Leerstelle	zwei Leerstellen,
H = 0 bit	H = 4 bit	H = 6,9 bit

Abbildung 3.3. Leerstellen in einem Modellkristall

Die Leerstellen im Gitter können auch mit Atomen einer anderen Sorte ausgefüllt werden, mit „Fremdatomen". Oft ist dieser Vorgang unerwünscht, und man spricht von **Verunreinigungen**. Besteht das Gitter aber aus einem zunächst reinen Halbleiter, etwa aus Silizium, so wird die Verunreinigung bei der Herstellung integrierter Schaltkreise auch oft künstlich erzeugt und man nennt den Vorgang der Verunreinigung, z.B. mit Phosphor- oder Boratomen, **Dotierung**. Bei zwei Metallatomarten nennt man die Verunreinigung eine **Legierung**.

Die Entropie, die allgemein die Vermischung von Bestandteilen beschreibt, heißt **Mischungsentropie** S_M.

Eine ganz entsprechend beschreibbare Entropie ist die **Spinentropie** S_S bei Ferromagneten. In einem einfachen Modell gehen wir davon aus, daß die magnetischen Momente der Elementarmagnete in einem äußeren Magnetfeld nur entweder gleich- oder entgegengesetzt zur Feldrichtung ausgerichtet sein können; wir beschränken uns damit auf magnetische Momente mit Spin $S = \frac{1}{2} \hbar$, wie z.B. Elektronen. Ferner vernachlässigen wir Wechselwirkungen der Elementarmagnete untereinander (die die *Weiß*schen Bezirke bewirken) und mit dem Gitter (die für die Koerzitivkräfte realer Ferromagneten verantwortlich sind).

Ist der Ferromagnet vollständig magnetisiert, so sind in unserem Modell alle Spins der Elementarmagnete parallel ausgerichtet. Aufgrund der *Heisenberg*-schen Unschärferelation ist dies allerdings nicht exakt möglich. Bei Zufuhr von Wärme werden nun in unserem Modell einzelne Spins umklappen. Tatsächlich werden bei tiefen Temperaturen zunächst nicht Umklapp- sondern kollektive Kreisbewegungen der Spins angeregt, die Spinwellen [15]. Trotz dieser zahlreichen vereinfachenden Annahmen ist dieses Modell recht nützlich. Den Vorgang der Entmagnetisierung in unserem Modell stellt die Abb. 3.4 dar; wie bei der Mischungsentropie oben wächst dabei die Spinentropie S_S an.

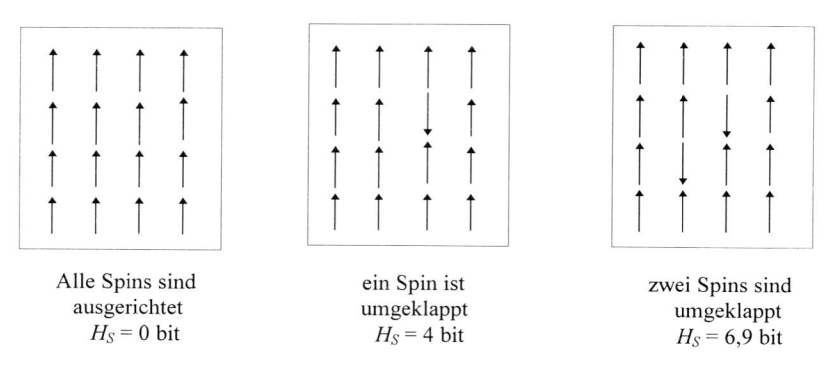

| Alle Spins sind ausgerichtet H_S = 0 bit | ein Spin ist umgeklappt H_S = 4 bit | zwei Spins sind umgeklappt H_S = 6,9 bit |

Abbildung 3.4. Entmagnetisierung in einem Modellmagneten

Wie hängen nun die Entropien S_M bzw. S_S mit der Konzentrationsentropie s_K von 3.3 zusammen? Offensichtlich wächst mit wachsender Verunreinigung, Mischung bzw. Entmagnetisierung die Konzentration c_1 der neuen Bestandteile von 0 an zu immer größeren Werten. Gleichzeitig wird allerdings die Konzentration c_2 der ursprünglichen Zustände geringer. Da bei $c_2 \approx 1$ $h_K(c_2) \approx 0$ bit ist, müssen wir diesen Anteil nicht berücksichtigen, falls die Beimischungen sehr gering sind. Beim idealen Gas in 3.3 ist z.B. die Konzentration c_2 der unbesetzten Elementarvolumen etwa $1 - 10^{-29}$, also praktisch 1. Auch beim pH-Wert liegt der Anteil der Wassermoleküle praktisch bei 1.

Wir wollen nun die Entropie S_M für eine Mischung berechnen, die insgesamt N Teilchen besitzt, davon r Teilchen der Sorte „1": Zunächst stellen wir folgende Frage: Wie viele Möglichkeiten der Anordnung von Leerstellen gäbe es, wenn das Kristallgitter in Abb. 3.3 $N = 7 \times 7 = 49$ Plätze besitzen würde, von denen $r = 6$ unbesetzt wären? Offensichtlich liegt hier dieselbe Aufgabe vor wie beim Ausfüllen eines Lottoscheins in 2.3, und wir können allgemein die Anzahl g der Mikrozustände durch die Binomialkoeffizienten ausdrücken:

$$g = \binom{N}{r} = \frac{N!}{r! \cdot (N-r)!}.$$

Mit Hilfe der *Stirling*schen Näherung (17) berechnen wir nun S_M:

$$\begin{aligned}
S_M &= k \cdot \ln \frac{N!}{r! \cdot (N-r)!} \\
&= k \cdot \left[N \cdot \ln N - N - r \cdot \ln r + r - (N-r) \cdot \ln(N-r) + (N-r) \right] \\
&= k \cdot \left[N \cdot \ln N - r \cdot \ln r - (N-r) \cdot \ln(N-r) \right] \\
&= k \cdot \left[(N-r) \cdot \ln N + r \cdot \ln N - r \cdot \ln r - (N-r) \cdot \ln(N-r) \right] \\
&= k \cdot \left[-r \cdot \ln \frac{r}{N} - (N-r) \cdot \ln \frac{N-r}{N} \right] \\
&= k \cdot N \left[-\frac{r}{N} \cdot \ln \frac{r}{N} - \frac{N-r}{N} \cdot \ln \frac{N-r}{N} \right].
\end{aligned}$$

Hier ist r/N die Konzentration c_1 und $(N-r)/N$ die Konzentration c_2 der beiden Bestandteile. Damit ergibt sich

$$S_M = -k \cdot N \cdot \left[c_1 \cdot \ln c_1 + c_2 \cdot \ln c_2 \right]. \tag{27}$$

Wir benutzen anstelle der Entropie S_M auch die auf einen Platzhalter bezogene Entropie

$$s_M = S_M / N = -k \cdot \left[c_1 \cdot \ln c_1 + c_2 \cdot \ln c_2 \right].$$

Anschaulich kann man s_M als gewichteten Mittelwert der zu c_1 bzw. c_2 gehörenden Konzentrationsentropien bezeichnen. Wenn die Zahlen N und r sehr groß sind, kann c_1 und $c_2 = 1 - c_1$ praktisch jeden Wert zwischen 0 und 1 annehmen; in Abb. 3.5 ist die Funktion

$$f(x) = s_M(x) / k = -x \cdot \ln(x) - (1-x) \cdot \ln(1-x)$$

mit $x = c_1$ dargestellt. Man liest ab, daß $f(x)$ ein Maximum besitzt, wenn $x = 0{,}5$ ist. Das Schaubild von $f(x)$ besitzt Nullstellen für $x = 0$ und $x = 1$. Der Verlauf des Schaubilds ist dem einer Parabel ähnlich; die Steigung für $x \to 0$ und für $x \to 1$ strebt aber betragsmäßig gegen unendlich. Mit Hilfe der Differentialrechnung kann man das bestätigen: Es ist

$$f'(x) = -\ln x - 1 - (-\ln(1-x) - 1)) = \ln \frac{1-x}{x}.$$

Daraus folgt $f'(0{,}5) = 0$ sowie $\lim_{x \to 0} f'(x) = \infty$ sowie $\lim_{x \to 1} f'(x) = -\infty$.

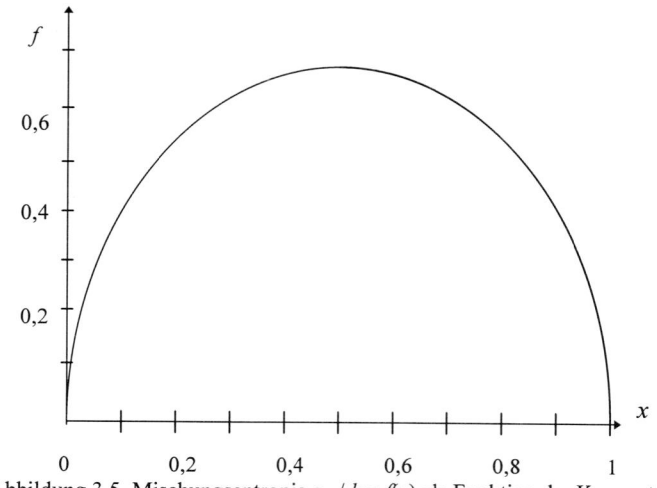

Abbildung 3.5. Mischungsentropie $s_M / k = f(x)$ als Funktion der Konzentration $c_1 = x$ eines der beiden Bestandteile

3.5 Wärmeentropie

Wir beschäftigen uns zunächst mit dem idealen Gas und untersuchen dabei die Bewegung der Teilchen in nur einer Richtung, die wir x - Richtung nennen. Wie groß ist der Informationsgehalt einer Anzahl von Teilchen, die unterschiedliche Geschwindigkeiten bzw. Impulse besitzen können?

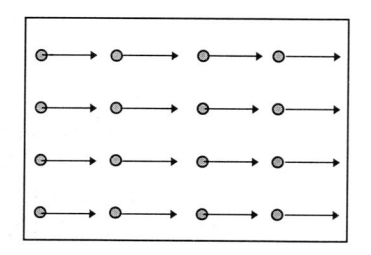

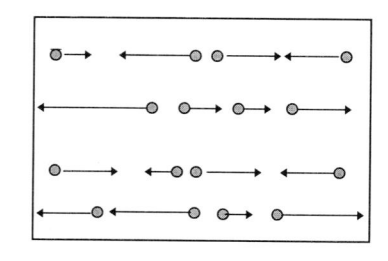

Alle Moleküle sind gleich schnell	Die Moleküle besitzen unterschiedliche Geschwindigkeiten

Abbildung 3.6. Bewegungszustände in einem Modellgas

Zwei mögliche Situationen sind für ein Modellgas mit 16 Molekülen in Abb. 3.6 veranschaulicht. Im linken Zustand herrscht in Bezug auf die Geschwindigkeitsvektoren vollständige Ordnung; das Gas bewegt sich wie ein wohlgeordneter Schwarm von Zugvögeln als Ganzes und besitzt somit **Bewegungsenergie**. Im rechten Bild ist dagegen die Summe der Geschwindigkeitsvektoren null und die vorhandene Bewegungsenergie W_{kin} macht sich von außen als **innere Energie** U und nach (4) durch die Temperatur T bemerkbar. Bei der Untersuchung der Geschwindigkeit müssen wir im linken Bild keine Alternativfragen stellen; der Informationsgehalt ist 0 bit. Im rechten Bild hängt der Informationsgehalt dagegen davon ab, wie genau sich die Geschwindigkeiten unterscheiden lassen.

In 3.2 haben wir festgestellt, daß es aufgrund der *Heisenberg*schen Unschärferelation (11) kleinste Elementarvolumen V_0 gibt, innerhalb derer eine Präzisierung von Ortsangaben nicht möglich ist. Umgekehrt ergibt sich hier nun aus der Beschränkung des Gases auf ein bestimmtes Volumen $V = (\Delta x)^3$, daß die möglichen Impulse und Geschwindigkeiten des Gases gerastert sind mit der „Rasterbreite" $\Delta p_x = \hbar / \Delta x$. Ist z.B. $\Delta x = \sqrt[3]{22{,}4\,l}$ dm $\approx 0{,}28$ m, so wird $\Delta p_x = 3{,}8 \cdot 10^{-34}$ kgms^{-1}. Heliumatome ^{4}He, die wie in 3.2 bei $T = 273$ K den mittleren Impuls $\overline{p_x} = \sqrt{k \cdot T \cdot m} = 5 \cdot 10^{-24}$ kgms^{-1} besitzen, verfügen somit mindestens über $g_p = \overline{p_x} / \Delta p_x \approx 1{,}3 \cdot 10^{10}$ als verschieden wahrnehmbare Impulsbeträge.

Wir müssen hier allerdings berücksichtigen, daß die Teilchen ihre Impulse mit unterschiedlichen Wahrscheinlichkeiten annehmen können. Wir werden dieser Frage im 5. Abschnitt genauer nachgehen; hier beschränken wir uns darauf, einen kleinen Energiebereich ΔW der Teilchen zu betrachten, der zwar auch bereits viele mögliche Impulse enthält, in dem aber alle Impulse (annähernd) gleich wahrscheinlich sind. Der Informationsgehalt eines Impulses wird dann

$$h_p = \log_2(r \cdot g_p) \quad \text{bzw.} \quad s_p = k \cdot \ln(r \cdot g_p), \tag{28}$$

wobei r der Bruchteil der Mikrozustände von g_p im Energieintervall ΔW ist.

Wir interessieren uns hier nicht für die absoluten Werte von s_p, sondern nur für die Änderungen Δs_p, die mit einer Änderung ΔT der Temperatur einhergehen. Wir schreiben daher $s_p(T) = k \cdot \ln(\sqrt{T}) + C = k/2 \cdot \ln(T) + C$, wobei C eine von der Temperatur unabhängige Konstante ist. Durch Ableiten ergibt sich

$$\frac{\Delta s_p}{\Delta T} = \frac{k}{2} \cdot \frac{1}{T} \quad \text{oder} \quad \Delta s_p = \frac{\frac{1}{2} \cdot k \cdot \Delta T}{T}.$$

Es ist vielleicht bemerkenswert zu sehen, woher der Faktor „1/2" im Zähler seinen Ursprung hat, nämlich letztlich aus der Quantenmechanik, da aufgrund der *Heisenberg*schen Unschärferelation Impulszustände zur Entropieberechnung abzuzählen sind.

Bisher haben wir nur Bewegungen in einer Richtung betrachtet. Beliebige Impulsvektoren im Raum können wir zunächst in ihre drei Komponenten parallel zu den drei Achsrichtungen zerlegen und dann die Entropien für diese Komponenten getrennt ausrechnen. Falls keine Raumrichtung ausgezeichnet ist, sind diese Entropien jeweils gleich groß. Man nennt die Anzahl der getrennt auszurechnenden Einzelentropien die **Freiheitsgrade** f des Systems. Ein ideales Gas hat also 3 Freiheitsgrade.

Die mit einer Temperaturerhöhung ΔT verknüpfte Entropieerhöhung im Raum für N Moleküle nennen wir Wärmeentropieerhöhung ΔS_Q. Für $N = N_A$ Moleküle ergibt sich nämlich mit (7)

$$\Delta S_Q = N_A \Delta s_Q = 3 \cdot \Delta S_p = \frac{\frac{3}{2} \cdot N_A \cdot k \cdot \Delta T}{T} = \frac{C_V \cdot \Delta T}{T} = \frac{\Delta Q}{T}. \qquad (29)$$

Offensichtlich hängt die Entropieerhöhung von der relativen Änderung $\Delta T / T$ der Temperatur ab. Erhöht man z.B. bei einem Mol eines Gases mit $T_1 = 273$ K die Temperatur durch Wärmezufuhr bei konstantem Volumen um $\Delta T = 10$ K, so ist $\Delta T / T_1 \approx 0{,}037$ und $\Delta S_Q = 3 / 2 \cdot R \cdot \Delta T / T_1 \approx 0{,}46$ JK^{-1}. Dieselbe Temperaturerhöhung bei einem Mol des Gases mit $T_2 = 2730$ K ergibt eine zehnmal kleinere Entropieerhöhung. Um diesen Zusammenhang zu veranschaulichen, können wir auf das Schulhausbeispiel zurückgreifen: Hätte das Schulhaus nur 4 Zimmer, so würde bei einem Erweiterungsbau um 4 Zimmer der Informationsgehalt h um 1 bit wachsen, da eine volle Alternativfrage zusätzlich zu stellen wäre. Bei einer Ausgangsgröße von 64 Zimmern würde h jedoch nur um $\log_2(68) - \log_2(64) = 0{,}087$ bit wachsen.

Wir können das Ergebnis $\Delta S_Q \sim \Delta T / T$ auch mit dem Zusammenhang zwischen dem subjektiven Hören von Intervallen und den entsprechenden relativen Frequenzänderungen $\Delta f / f$ in 2.4 vergleichen: Beim Spielen einer Halbtonleiter auf einem Musikinstrument erhöhen sich die Frequenzen nicht um jeweils dieselbe Differenz Δf, sondern um dieselbe **relative Änderung** $\Delta f / f \approx 5{,}9\%$.

Was ändert sich, wenn wir anstelle eines idealen Gases ein reales Gas betrachten, dessen Moleküle z.B. aus zwei Atomen besteht? Wir können diese Fragen hier nicht ausführlich behandeln und wollen nur einige Antworten andeuten.

Neben den drei Freiheitsgraden der Translation beim idealen Gas gibt es nun weitere Freiheitsgrade der Rotation und der Vibration: Ein „Hantelmolekül" aus zwei Atomen kann im Raum im Prinzip um drei paarweise aufeinander senkrecht stehende Achsen rotieren sowie Schwingungen in Richtung der Verbindungsgeraden der Atome ausführen. Es ergeben sich damit drei weitere Freiheitsgrade der **Rotation** und ein Freiheitsgrad der **Vibration**. Wieder spielt nun die *Heisenberg*sche Unschärferelation eine entscheidende Rolle: Die möglichen Drehimpulse bei der Rotation und die Oszillatorenergien bei der Vibration sind gequantelt, so daß wie bei der Translation der Makrozustand aus einer endlichen Zahl von Anregungszuständen dieser Freiheitsgrade mit entsprechenden Entropien besteht. Die Rastergrößen und damit die einzelnen Entropien hängen von den Massen, Bindungen und Abständen der Atome ab; oft sind die Vibrationen gröber gerastert als die Rotationen und liefern kleine Beiträge zur Gesamtentropie; ein Sonderfall stellt beim zweiatomigen Molekül die Rotation um die Längsachse dar: sie läßt sich gar nicht anregen und besitzt damit die Entropie 0. Man sagt, dieser Freiheitsgrad ist „eingefroren". Das zweiatomige Molekül besitzt damit bei Zimmertemperatur insgesamt $f = 6$ Freiheitsgrade.

Wie bei der Translation ist auch bei den inneren Freiheitsgraden die relative Temperaturänderung $\Delta T / T$ das einzige Maß für die jeweiligen Entropieänderungen; alle temperaturunabhängigen Faktoren fallen ja bei der Ableitung der Logarithmusfunktion als konstante Summanden weg, so daß allgemein gilt

$$\Delta S_Q = \frac{1}{2} \cdot f \cdot k \cdot \frac{\Delta T}{T}. \qquad (30)$$

Die Tatsache der Gleichgewichtung aller Freiheitsgrade bei Änderungen der Wärmeentropie heißt **Äquipartitionsgesetz**.

Diese Ansätze lassen sich auch auf Festkörper übertragen. Die in ein Kristallgitter eingebauten einzelnen Atome besitzen hier keine Freiheitsgrade der Translation, aber i.a. drei Freiheitsgrade der Rotation sowie drei der Vibration. Der Entropiezuwachs bei einem mol eines Festkörpers bei Zimmertemperatur ist damit $\Delta S_Q = 3 \cdot R \cdot \Delta T / T$. Die zur Temperaturerhöhung von 1 mol eines Festkörpers bei konstantem Volumen erforderliche Wärme ist nach (6)

$$\Delta Q = C_V \cdot \Delta T;$$

mit $C_V = 3 \cdot R$ gilt damit wieder $\Delta S_Q = \Delta Q / T$. Wir erhalten so die als **Gesetz von *Dulong-Petit*** bekannte Tatsache, daß die Molwärmen unabhängig vom spezifischen Stoff und vom Aufbau eines Festkörpers bei Zimmertemperatur etwa 25 $Jmol^{-1}K^{-1}$ betragen.

3.6 Kalorische Messung von Wärmeentropien

Indem man nach (30) alle Entropieänderungen ΔS_Q von 0 K bis zur Temperatur T aufsummiert, kann man jedem mol eines festen Stoffs, dessen Atome im Gitter jeweils sechs Freiheitsgrade besitzen, bei der Temperatur T dieselbe Wärmeentropie $S(T) = 25$ $JK^{-1} \cdot \ln(T)$ zuordnen, bei 298 K also 142 JK^{-1}.

In Oberstufenbüchern zur Chemie und – ausführlicher – auch in Nachschlagewerken, z.B. in [16], [25] findet man andererseits Angaben über die „Standardentropien" S_0 von Stoffen bei 298 K. Zugrunde gelegt ist dabei immer die Stoffmenge 1 mol. Die folgende Tabelle zeigt eine Auswahl für einige Elemente:

Element	Al	C	Fe	Cu	S_α	Pb
S_0 in JK^{-1}	28,29	5,74	27,21	33,31	31,86	64,74
Θ in K	428	2230	470	343	-	105

Offensichtlich unterscheiden sich die Entropien S_0, auch die von Metallen.

Wie lassen sich diese Entropieunterschiede erklären? Der Grund liegt darin, daß die Zahl f der Freiheitsgrade unterhalb einer gewissen Grenztemperatur, der „**Debye-Temperatur**" Θ, kleiner wird und für T $\to$ 0 K gegen null strebt. Man kann sagen, die Freiheitsgrade $f(T)$ werden immer mehr eingefroren, und damit streben auch die Molwärmen $C_V(T) = R \cdot f(T) / 2$ gegen null für sehr tiefe Temperaturen.

Eine erste brauchbare Formel zu Darstellung der Temperaturabhängigkeit der Molwärmen wurde 1907 von *A. Einstein* aufgestellt. Eine verbesserte Gleichung gab *P. Debye* an; man findet die Theorie von *Debye* in Hochschulbüchern zur Festkörperphysik oder zur Thermodynamik, z.B. in [11], [15]. Entscheidend bei seinem Ansatz ist, daß man nicht die Freiheitsgrade einzelner Atome in einem Kristallgitter betrachtet, sondern Schwingungszustände, stehende Wellen des ganzen Gitters, die sog. „Moden" oder „Normalschwingungen". Sie besitzen nun je nach Dichte ρ und Schallgeschwindigkeit c des Festkörpers unterschiedliche Quantelungen; bei großer Dichte und Schallgeschwindigkeit sind sie gröber gerastert und nur bei höheren Temperaturen angeregt; die *Debye*-Temperatur ($\Theta \sim c \cdot \sqrt[3]{\rho}$) ist dann hoch.

In Abb. 3.7 und 3.8 sind die Molwärmen $C_V(T)$ für Kupfer (Cu) bzw. Blei (Pb) in Abhängigkeit von der Temperatur T in Anlehnung an ein Programm von *F. Bader* [17], basierend auf der Theorie von *Debye*, aufgetragen. Man erkennt, daß die beiden Kurven im wesentlichen durch eine Parallelstreckung in T-Richtung mit dem Streckfaktor $\Theta_{Cu} : \Theta_{Pb} \approx 3{,}3$ auseinander hervorgehen; bei Kupfer sind auch bei Zimmertemperatur die Gittermoden noch nicht vollständig angeregt.

Indem man nun schrittweise die Temperatur T des Festkörpers von 0 K ausgehend jeweils um ein kleines Intervall ΔT erhöht und die dazu erforderliche Wärmezufuhr $\Delta Q = C_V(T) \cdot \Delta T$ bestimmt, kann man durch Aufsummieren die gesamte innere Energie U des Festkörpers berechnen; geometrisch entspricht ihr die Fläche unter der $C_V(T)$-Kurve. Summiert man anstelle der Energieanteile ΔQ die Entropieänderungen $\Delta S_Q = \Delta Q / T = C_V(T) \cdot \Delta T / T$, so erhält man die gesamte Entropieänderung $S_Q(T) - S_Q(0)$. Da am absoluten Nullpunkt keine Gittermoden angeregt sind, ist die Wärmeentropie $S_Q(0)$ null. In den Abb. 3.7 und 3.8 sind unten die Anteile $\Delta S_Q(T) / \Delta T = C_V(T) / T$ zusammen mit $C_V(T)$ eingetragen; die Flächen unter diesen Kurven veranschaulichen die Wärmeentropien S_Q von Cu bzw. Pb. Bei 298 K ergeben sich in dieser Modellrechnung für 1 mol Cu 30,7 JK^{-1} und für 1 mol Pb 63,3 JK^{-1}.

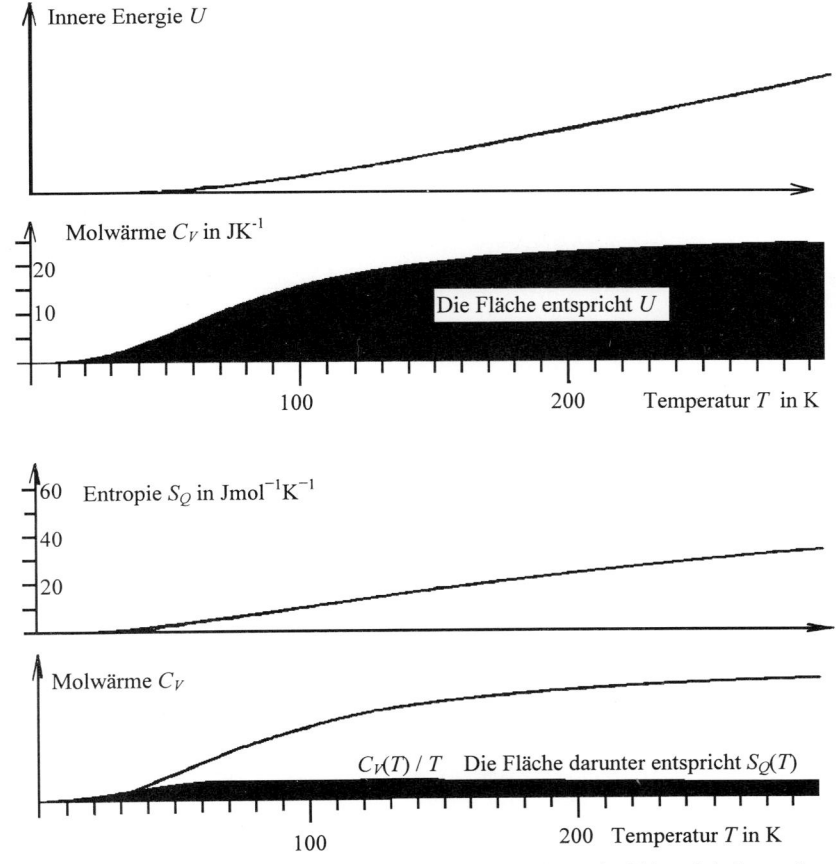

Abbildung 3.7. Molwärme C_V, innere Energie U und Entropie S_Q in Abhängigkeit von der Temperatur T für Kupfer

Die Tabellenwerte sind experimentell aus kalorischen Messungen erhalten worden; dabei gibt man eine bestimmte Menge des zu untersuchenden Stoffs in ein

Kalorimeter und mißt — ausgehend von einer Temperatur T –die Temperaturerhöhung ΔT, die sich einstellt, wenn man z.B. mit einer Heizspirale eine bestimmte kleine Energiemenge ΔQ zuführt. Die durch viele derartigen Messungen erhaltenen Entropien $S_Q = \sum_i \frac{\Delta Q_i}{T_i}$ sind geringfügig größer als die rechnerischen; der Grund liegt darin, daß es im metallischen Festkörper nicht nur Gittermoden, sondern noch andere anregbare (Elektronen -) Freiheitsgrade gibt.

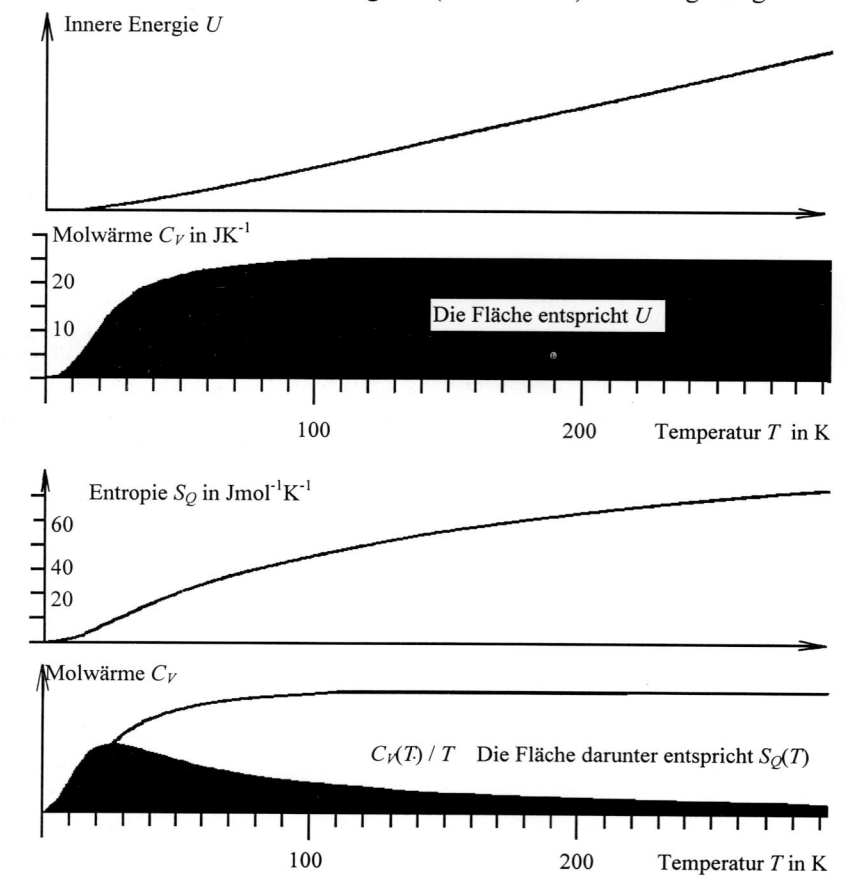

Abbildung 3.8. Molwärme C_V, innere Energie U und Entropie S_Q in Abhängigkeit von der Temperatur T für Blei

Zusammenfassend können wir feststellen, daß die Wärmeentropie S_Q bei einem Festkörper eine durch kalorische Messungen bestimmbare **Zustandsgröße** ist und den ausschlaggebenden Anteil an der Gesamtentropie darstellt. Bei Gasen ist dagegen die Volumenentropie nicht vernachlässigbar(vgl. Abschnitt 3.1).

4. Beschreibung irreversibler Vorgänge

4.1 Reversible und irreversible Vorgänge

Unter einem reversiblen oder zeitlich umkehrbaren Vorgang versteht man eine Reihe von Zuständen, deren zeitliche Abfolge vertauscht werden kann, ohne daß dabei ein physikalisch unmöglicher Vorgang resultiert. Anschaulich gesprochen, darf man einen reversiblen Vorgang mit einer Videokamera aufnehmen und den Film anschließend rückwärts laufend einem Publikum vorführen, ohne Proteste oder Erheiterung hervorzurufen.
Wir suchen nach reversiblen Vorgängen:

- Sehen wir auf einem Film einen Ball von links nach rechts mit konstanter Geschwindigkeit rollen, so entspricht dem zeitlich gespiegelten Vorgang eine gleichförmige Bewegung des Balls von rechts nach links; beide Abläufe sind gleich gut möglich, so daß der Vorgang reversibel ist. Ist er auch physikalisch möglich, d.h. handelt es sich nicht um einen idealisierenden Computerfilm? Wir wissen, daß gleichförmige Bewegungen auf der Erde aufgrund der Reibung nur annähernd realisierbar sind und alle Bewegungen eine Tendenz zur Abbremsung besitzen; die horizontale Bewegung eines Balls, dessen Geschwindigkeit ohne äußere Einwirkung anwächst, würden wir mit äußerstem Mißtrauen beobachten und nach dem „Trick" suchen, denn wir sähen eines unserer wichtigsten Grundprinzipien verletzt, die **Erhaltung des Impulses**.

- In der Fortsetzung des Films sehen wir nun den Ball mit gleichmäßiger Beschleunigung nach unten fallen. Wie sieht der zeitlich gespiegelte Vorgang aus? Offensichtlich ist die gleichmäßig verzögerte Bewegung der Kugel nach oben, physikalisch gleichwertig; der Vorgang ist reversibel. Die Brechung der räumlichen Symmetrie der Bewegung in senkrechter Richtung durch das Schwerefeld der Erde hat keinen Einfluß auf die zeitliche Symmetrie. Falls unser Film lange genug läuft, können wir vielleicht beide Bewegungen als Teile einer Gesamtbewegung verfolgen, nämlich des elastischen Hüpfens; sehen wir allerdings längere Zeit zu, so werden wir wiederum mißtrauisch, falls nicht die erreichten Sprunghöhen mit der Zeit aufgrund der nicht vollständig ausschaltbaren Reibung abnehmen; vollends unglaubwürdig wäre der Film, wenn die Sprunghöhen mit der Zeit zunehmen würden. Dann wäre nämlich (ohne äußere Einwirkung) der **Energiesatz** verletzt.

- Entsprechendes können wir bei einem rotierenden Ball feststellen: Bei reibungsfreier Bewegung sind Rechts- und Linksdrehungen gleichwertig und es gilt die Zeitumkehrinvarianz sowie die **Erhaltung des Drehimpulses**. Die Reibung zerstört beide Symmetrien: ein immer schneller werdender Kreisel als zeitlich gespiegelter Vorgang zur normalen Abbremsung verletzt ohne äußere Einwirkung den Erhaltungssatz des Drehimpulses.

Diese Beispiele sollen einen wichtigen Grundgedanken der Physik erläutern: den Zusammenhang zwischen Erhaltungssätzen und Invarianzen:

– Der Energieerhaltungssatz besagt danach nichts anderes, als daß „etwas" unverändert bleibt bei zeitlichen Verschiebungen und Spiegelungen; dieses „etwas", die Energie, ist in der Eichtheorie sogar **definiert** als die Größe, die bei der Gruppe der Zeittransformationen invariant bleibt [18].
– Der Impulserhaltungssatz beinhaltet damit, daß es „etwas" gibt, den Impuls, das sich bei der Gruppe der Translationen im Raum nicht ändert.
– Der Drehimpulserhaltungssatz bedeutet die Invarianz einer Größe, des Drehimpulses, bei der Gruppe der Drehungen um eine Achse.

Um diese Erhaltungssätze bei Vorgängen mit Reibung benutzen zu können, muß man jeweils übergeordnete, abgeschlossene Systeme mit einbeziehen. Zum Beispiel überträgt in a) der Ball seinen Impuls auf die Erde, so daß der Gesamtimpuls und die Gesamtenergie von Ball und Erde konstant sind. Die Reibung zwingt uns dazu, von der Betrachtung der Einzelsysteme „Ball" und „Erde" zum Gesamtsystem „Ball mit Erde" überzugehen.

Energiegleichungen, Impulsgleichungen und Drehimpulsgleichungen sind immer Aussagen über Invarianzen bei abgeschlossenen Systemen.

So kann z.B. eine Energiegleichung nie dazu verwendet werden, um eine zeitliche Entwicklungstendenz eines Systems zu beschreiben.

Aus den drei Beispielen oben, aber auch aus der Verhaltenstendenz aller im 3. Abschnitt behandelter Systeme ergibt sich andererseits, daß es in der Natur eine zeitliche Entwicklungstenz, einen „**Zeitpfeil**" gibt:

– ein Gas hat die Tendenz, sein verfügbares Volumen auszudehnen;
– Flüssigkeiten in trockenen Räumen verdunsten;
– Zucker löst sich in Wasser auf;
– Eisen rostet;
– In Kristallen gibt es eine Tendenz zu Fehlstellen und Verunreinigungen;
– Magnete werden mit der Zeit schwächer;
– Druckunterschiede gleichen sich aus;
– verschiedene Gase durchmischen sich;
– Bewegungsenergie wandelt sich um in Wärmeenergie;
– Temperaturunterschiede gleichen sich aus usw.

Tatsächlich gibt es auf der Erde praktisch keine reversiblen Vorgänge. So wird z.B. auch eine Jahresuhr nach einigen Monaten einmal ihren Vorrat an Bewegungsenergie in Wärme umgewandelt haben und stehen bleiben. Auch die Erde selbst wird in einigen Milliarden Jahren, wenn die Sonne sich zum Riesenstern aufblähen wird, ihren Kreislauf wohl beenden. Die Unerbittlichkeit und Schicksalhaftigkeit des zeitlichen Gerichtetseins allen Geschehens auf der Erde ist eine der abendländischen Grunderfahrungen; so sagt z.b. der griechische Philosoph *Heraklit „man steigt nicht zweimal in denselben Fluß"*. Das Repertoire der klassischen Mechanik mit ihren Begriffen Energie, Impuls und Drehimpuls ist jedoch nicht geeignet, diesen Zeitpfeil zu beschreiben.

Man hat bereits im 19. Jahrhundert nach zusätzlichen Prinzipien Ausschau gehalten; z.b. ist auch heute noch das Prinzip von *M. Berthelot* in Erinnerung: Dabei wird postuliert, jeder Körper habe das Bestreben, den Zustand mit der geringsten potentiellen (Lage-) Energie einzunehmen. Man muß nun allerdings für jeden der in der Natur stattfindenden Vorgänge mit Zeitpfeil ein eigenes ad-hoc Postulat einführen, z.B. daß Druckunterschiede den Antrieb für Gas- und Flüssigkeitsströme darstellen, Temperaturdifferenzen für Wärmeströme, Konzentrationsunterschiede für chemische Umwandlungen, Magnetisierungsunterschiede für Entmagnetisierungsvorgänge usw. Der Vorteil dieser Ansätze liegt zunächst darin, daß man im gewohnten Begriffsgebäude argumentieren kann; der Nachteil, daß es nicht befriedigend ist, die **eine** grundlegende Tatsache des Zeitpfeils in der Natur mit einer Vielzahl von Einzelpostulaten zu beschreiben.

Einen universellen und damit notwendigerweise in der *Newton*schen Mechanik nicht enthaltenen Ansatz liefert nun die Informationstheorie mit dem von *C. E. Shannon* eingeführten Entropiebegriff. Es ist bemerkenswert, daß die Formel von *Shannon* bereits vor ihrer informationstheoretischen Deutung im Aufbau der statistischen Mechanik eine wichtige, aber wohl nicht vollständig verstandene Rolle als Rechengröße besaß [19].

4.2 Die Formel von *Shannon*

Wir erarbeiten zunächst eine mathematische Formel zur Berechnung von Erwartungswerten. Als Beispiel ermitteln wir das Durchschnittsalter von Diskobesuchern bei der folgenden Stichprobe mit dem Umfang 100 [20]:

Alter	14	15	16	17	18	19	20
H	4	16	23	25	15	10	7
h	0,04	0,16	0,23	0,25	0,15	0,19	0,07

H bedeutet hier die absolute Häufigkeit und h die relative Häufigkeit der Altersstufen a_i ($i = 1,...,7$) mit Werten von 14 bis 20. Das Durchschnittsalter ergibt sich zu

$$\bar{a} = \frac{14\cdot 4 + 15\cdot 16 + 16\cdot 23 + 17\cdot 25 + 18\cdot 15 + 19\cdot 10 + 20\cdot 7}{100}$$

$$= 14\cdot\frac{4}{100} + 15\cdot\frac{16}{100} + 16\cdot\frac{23}{100} + 17\cdot\frac{25}{100} + 18\cdot\frac{15}{100} + 19\cdot\frac{10}{100} + 20\cdot\frac{7}{100}$$

$$= \sum_{i=1}^{7} a_i \cdot h_i = 16{,}89 \,.$$

Die allgemeine Formel für den Erwartungswert $E(X)$ einer Zufallsvariablen X mit Werten $X = x_i$ und Wahrscheinlichkeiten p_i ($i = 1,...,k$) lautet entsprechend

$$E(X) = \sum_{i=1}^{k} x_i \cdot p_i \,. \tag{31}$$

k bedeutet hier nicht den Umfang der Stichprobe, sondern die Anzahl möglicher Ausgänge des Experiments. Anschaulich besagt (31), daß zur Berechnung des Erwartungswerts alle Ausgänge, gewichtet mit ihren Wahrscheinlichkeiten, aufsummiert werden müssen.

Wir kommen nun wieder auf unser einführendes Beispiel in 2.1 zurück, suchen also wieder nach einem Gegenstand in unserem Gebäude mit 64 Zimmern. Wir gehen jetzt aber davon aus, daß wir nicht völlig ahnungslos sind, sondern bereits gewisse Vermutungen über den Fundort haben. Dieses Vorwissen kann man dadurch mathematisch ausdrücken, daß man die Fundwahrscheinlichkeiten in den Zimmern unterschiedlich groß macht. Als Beispiel betrachten wir die folgende, frei vorgegebene Verteilung der Wahrscheinlichkeiten:

Zimmernummer	1 – 11, 58 – 64	12 – 22, 47 – 57	23 – 27, 41 – 46
W.-keit p	0	1/128	1/64
Inf.-gehalt h	0 bit	7 bit	6 bit
Zimmernummer	28 – 30, 37 – 40	31 – 32, 34 – 36	33
W.-keit p	1/32	1/16	1/8
Inf.-gehalt h	5 bit	4 bit	3 bit

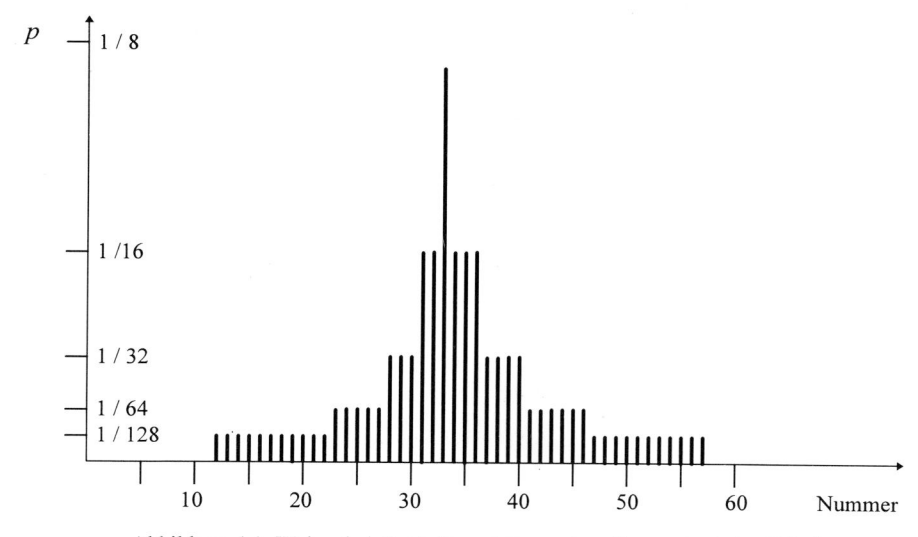

Abbildung 4.1. Wahrscheinlichkeitsverteilung eines Gegenstands im Schulhaus

Bei dieser Wahrscheinlichkeitsverteilung wird man wohl seine Suche auf die Zimmernummern 30 bis 40 konzentrieren und nicht sonderlich überrascht sein, den Gegenstand z.B. in Raum 33 zu finden. Entsprechend unterschiedlich sind auch die Informationsinhalte $h_i = -\log_2(p_i)$, die den Zimmernummern i zugeordnet sind. Wie beim einführenden Beispiel berechnen wir nun den durchschnittlichen Informationsgehalt h bei der gegebenen Wahrscheinlichkeitsverteilung:

$$h = 3\,\text{bit} \cdot \frac{1}{8} + 4\,\text{bit} \cdot \frac{5}{16} + 5\,\text{bit} \cdot \frac{7}{32} + 6\,\text{bit} \cdot \frac{11}{64} + 7\,\text{bit} \cdot \frac{22}{128} \approx 4{,}95\,\text{bit}.$$

Die durch die Vorgabe der Wahrscheinlichkeitsverteilung gelieferte Information hat somit den durchschnittlichen Informationsgehalt von 6 bit auf 4,95 bit verkleinert.

Allgemein berechnet man den mittleren Informationsgehalt oder die durchschnittliche Entropie h einer Gesamtheit mit Wahrscheinlichkeiten p_i ($i = 1,..,k$) und einzelnen Informationsinhalten h_i gemäß

$$h = h_1 \cdot p_1 + h_2 \cdot p_2 + ... + h_k \cdot p_k = \sum_{i=1}^{k} h_i \cdot p_i = -\sum_{i=1}^{k} \log_2 p_i \cdot p_i \qquad (32)$$

Die Gleichung (32) wird als Formel von *Shannon* bezeichnet.

Wir benutzen entsprechend zu (14) auch die Entropie

$$s = -k \cdot \sum_{i=1}^{k} \ln p_i \cdot p_i = k \cdot \ln 2 \cdot h \qquad (33)$$

mit der Dimension JK^{-1} sowie beim gesamten Informationsgehalt von N unabhängigen, gleichartigen Objekten die Größen $H = N \cdot h$ und $S = N \cdot s$.

Beispiel: In einer Urne liegen zehn Kugeln: zwei blaue, sieben rote und eine grüne Kugel. Wie groß sind h und s? Da $p_{blau} = 0{,}2$, $p_{rot} = 0{,}7$ und $p_{grün} = 0{,}1$, erhält man

$$h = -0{,}2 \cdot \log_2 0{,}2 - 0{,}7 \cdot \log_2 0{,}7 - 0{,}1 \cdot \log_2 0{,}1 \approx 1{,}16 \text{ bit} \quad \text{und} \quad s \approx 0{,}8 \cdot k.$$

4.3 Zunahme der Volumenentropie bei der Diffusion

Wir untersuchen analog zu Abb. 3.1 das Anwachsen der Entropie bei der Diffusion von sechs Modellteilchen aus dem Ausgangsvolumen V_1 ins Endvolumen V_2. Während wir dort aber nur die Entropien der stationären Anfangs- und Endzustände verglichen haben, können wir nun mit Hilfe von (32) Schritt für Schritt die Entropien der instabilen Übergangszustände berechnen:

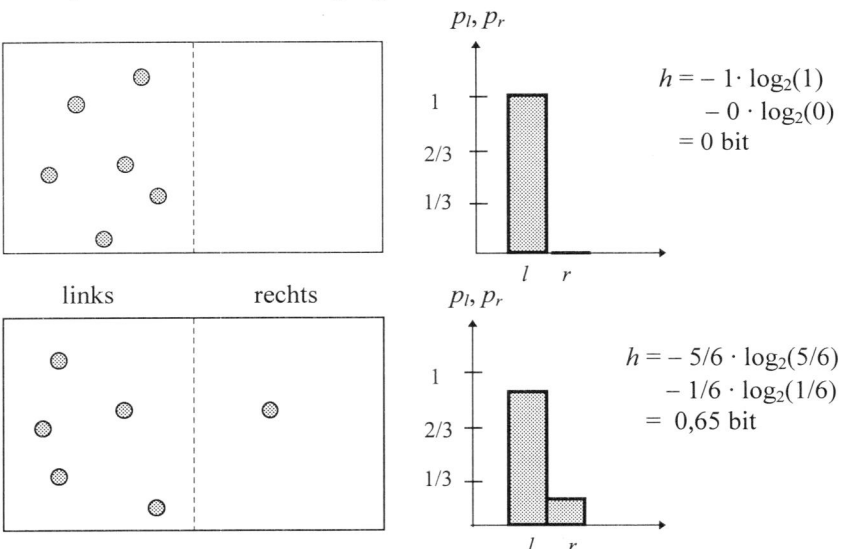

$h = -1 \cdot \log_2(1)$
$ - 0 \cdot \log_2(0)$
$ = 0$ bit

$h = -5/6 \cdot \log_2(5/6)$
$ - 1/6 \cdot \log_2(1/6)$
$ = 0{,}65$ bit

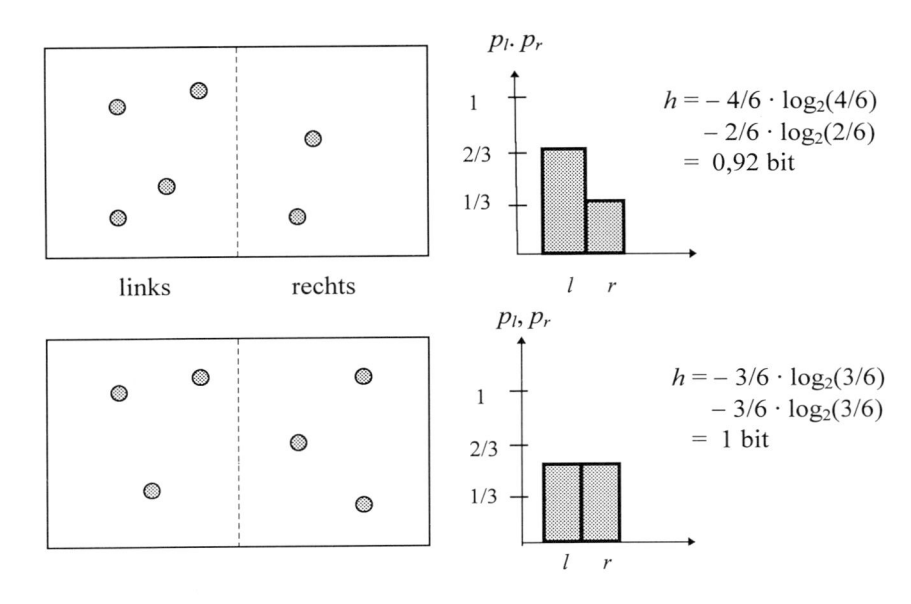

Abbildung 4.2. Zunahme der Volumenentropie bei der Diffusion von sechs Modellteilchen

Beim Beispiel von Abb. 4.2 hat sich das verfügbare Volumen im Laufe des Vorgangs der Diffusion verdoppelt; die beiden gleich großen Teilvolumen sind durch die Indizes links, „l" und rechts, „r" gekennzeichnet. Die Formel für den Informationsgehalt h besitzt zwei Summanden und h nimmt um 1 bit zu.

Wächst das Volumen nun allgemein von V_1 auf V_2 um den Faktor r, so kann man V_2 in r gleiche Zellen der Größe V_1 einteilen. Der Ausgangszustand ist dadurch gekennzeichnet, daß alle Teilchen mit der Wahrscheinlichkeit $p_1 = 1$ z.B. in der 1. Zelle sind, während die Aufenthaltswahrscheinlichkeiten p_i ($i = 2,...,r$) für die anderen $r - 1$ Zellen null sind. Der Ausgangswert h_A des Informationsgehalts ist also $h_A = -1 \cdot \log_2(1) - 0 \cdot \log_2(0) - ... - 0 \cdot \log_2(0) = 0$ bit. Nachdem der Diffusionvorgang abgeschlossen ist, wird die Aufenthaltswahrscheinlichkeit für jedes Teilvolumen $1/r$ und der Informationsgehalt am Ende, h_E zu

$$h_E = - \sum_{i=1}^{r} \frac{1}{r} \cdot \log_2 \frac{1}{r} = \log_2 r,$$

in Übereinstimmung mit (18). Mit (32) sind wir nun aber in der Lage, auch den Informationsgehalt h zu beliebigen Zwischenzuständen mit Wahrscheinlichkeiten p_i für die r Zellen zu berechnen.

4.4 Zunahme der Spinentropie beim Entmagnetisieren

Wie in Abb. 3.4 betrachten wir einen aus sechs Elementarmagneten bestehenden Modellmagneten, dessen Spins nur über zwei mögliche Orientierungen

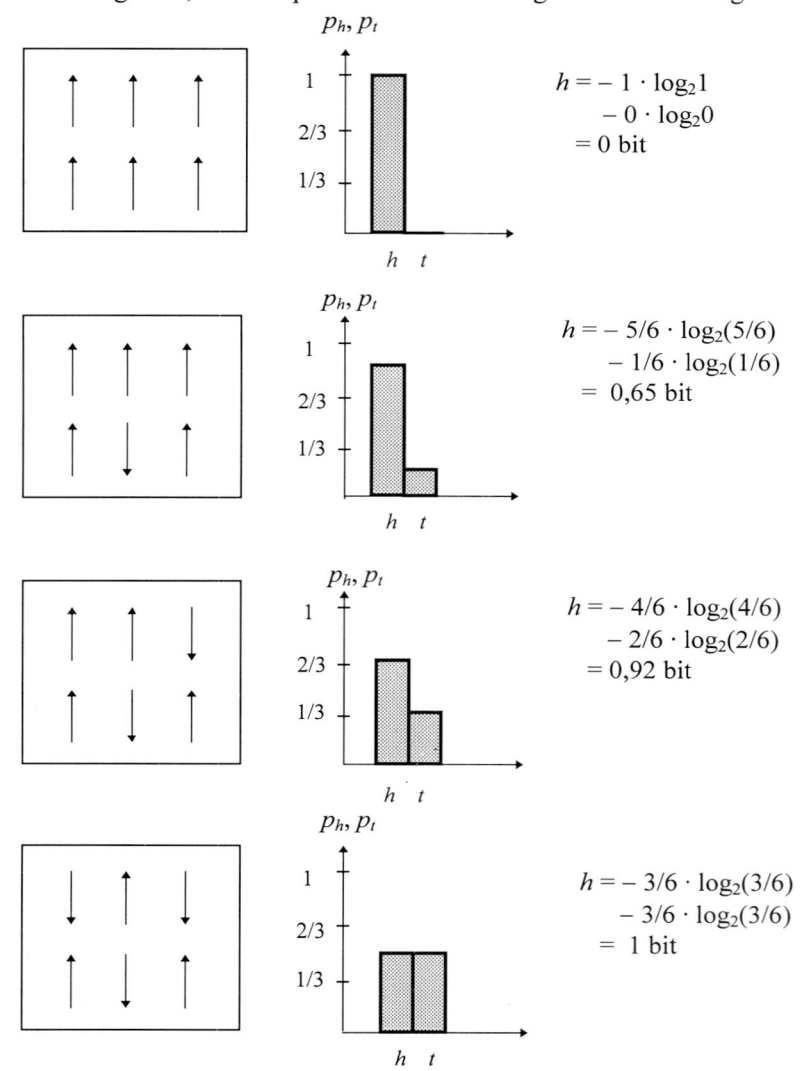

$$h = -1 \cdot \log_2 1 - 0 \cdot \log_2 0 = 0 \text{ bit}$$

$$h = -5/6 \cdot \log_2(5/6) - 1/6 \cdot \log_2(1/6) = 0{,}65 \text{ bit}$$

$$h = -4/6 \cdot \log_2(4/6) - 2/6 \cdot \log_2(2/6) = 0{,}92 \text{ bit}$$

$$h = -3/6 \cdot \log_2(3/6) - 3/6 \cdot \log_2(3/6) = 1 \text{ bit}$$

Abbildung 4.3. Zunahme der Spinentropie beim Entmagnetisieren

hoch, „h" und tief , „t" verfügen.

Besitzen die Spins nicht nur zwei, sondern r mögliche Ausrichtungen, so erhöht sich wie in 4.3 der Informationsgehalt beim vollständigen Entmagnetisieren von $h_A = 0$ bit auf $h_E = \log_2 r$ bit.

4.5 Mischungsentropie bei chemischen Reaktionen

Wir bemerken zunächst, daß bei Mischungen mit nur zwei Bestandteilen (binäre Mischungen, s. 3.4) die Formel (27) für die Mischungsentropie S_M nichts anderes darstellt als die Formel von *Shannon*, wenn man für die Wahrscheinlichkeiten p_1, p_2 der Bestandteile der Mischung ihre Konzentrationen c_1, c_2 einsetzt. Wir können nun aber auch für Mischungen mit r Bestandteilen und Konzentrationen c_i ($i = 1,...,r$) die Mischungsentropien $s_M = -k \cdot \sum_{i=1}^{r} c_i \cdot \ln c_i$ berechnen.

Als erstes Beispiel betrachten wir die Knallgasreaktion

$$2\,H_2 + O_2 \Leftrightarrow 2\,H_2O.$$

Wir gehen in einem einfachen Zahlenbeispiel davon aus, daß zu Beginn 400 Wassermoleküle vorhanden sind. Wir berechnen dann die Informationsinhalte, wenn nach einer teilweisen Reaktion noch 200 Wassermoleküle und anschließend, wenn keine mehr vorhanden sind („Knallgasreaktion rückwärts"):

Stoffe	Nur Wasser	Gemisch	kein Wasser
H_2O	400	200	0
O_2	0	100	200
H_2	0	200	400
Summe	400	500	600
h	0 bit	1,52 bit	0,92 bit

Rechenbeispiel zum Gemisch: $h = 2 \cdot \left(-\dfrac{2}{5}\log_2 \dfrac{2}{5}\right) - \dfrac{1}{5}\log_2 \dfrac{1}{5}$ bit $\approx 1{,}5219$ bit.

Offensichtlich erhöht sich der Informationsgehalt, wenn die Reaktion nicht vollständig abläuft, weder in die eine noch in die andere Richtung.

Als zweites Beispiel untersuchen wir die Auf- und Entladung eines Bleiakkumulators. Dabei spielt sich die folgende Reaktion ab:

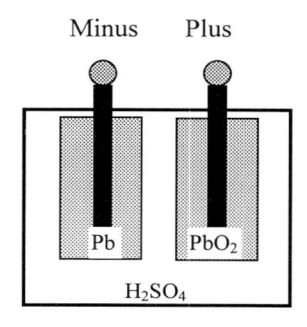

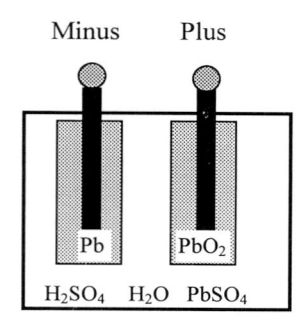

$$Pb + PbO_2 + 2\,H_2SO_4 \underset{\leftarrow \text{Aufladung}}{\overset{\text{Entladung} \rightarrow}{\Leftrightarrow}} 2\,PbSO_4 + 2\,H_2O$$

Abbildung 4.4 links: Aufgeladener Bleiakku; rechts: Teilweise entladener Bleiakku. Pb und PbO_2 verbinden sich bei der Entladung mit H_2SO_4 zu $PbSO_4$, das im Batteriewasser gelöst ist.

Beim Übergang vom metallischen Blei zum Bleisulfat $Pb^{++}SO_4^{--}$ gibt jedes Bleiatom an der linken Elektrode zwei negative Ladungen ab:

$$Pb + SO_4^{--} \rightarrow Pb^{++}SO_4^{--} + 2e^-.$$

An der rechten Elektrode werden dagegen bei der Umwandlung von $Pb^{4+}O_2$ zu $Pb^{++}SO_4^{--}$ zwei Elektronen aufgenommen:

$$PbO_2 + 2H^+ + H_2SO_4 + 2e^- \rightarrow PbSO_4 + 2H_2O.$$

Wir vergleichen nun für je 100 Pb - bzw. PbO_2 Moleküle den Informationsgehalt h für den aufgeladenen Zustand (Abb. 4.4 links) und den halb entladenen Zustand (Abb. 4.4 rechts):

Stoffe	Aufgeladener Zustand	halb geladener Zustand
Pb	100	50
PbO_2	100	50
H_2SO_4	200	100
$PbSO_4$	0	100
H_2O	0	100
Summe	400	400
h	1,5 bit	2,25 bit

Rechenbeispiel zum rechten Zustand: $h = 2 \cdot \left(-\frac{2}{5} \log_2 \frac{2}{5}\right) - \frac{1}{5} \log_2 \frac{1}{5} = 2{,}25$ bit.

Offensichtlich wächst die Mischungsentropie beim Entladungsvorgang an.

Wir wollen nun für drei beteiligte Reaktionspartner, also z.B. für die Knallgasreaktion $2\,H_2 + 1\,O_2 \Leftrightarrow 2\,H_2O$ die Änderung der Mischungsentropie mit Hilfe der Differentialrechnung berechnen; die Verallgemeinerung auf r Reaktionspartner ist dann offensichtlich.

Für die Konzentrationen c_1, c_2, c_3 gilt ja $c_1 + c_2 + c_3 = 1$, so daß für die Änderungen dc_1, dc_2, dc_3 folgt $dc_1 + dc_2 + dc_3 = 0$. Die Konzentrationsänderungen sind nun proportional zu den stöchiometrischen Vorzahlen n_i bei der Reaktionsgleichung. Bei dN Reaktionsvorgängen der Knallgasreaktion ist z.B.

$$dc_1 = n_1 \cdot dN/N, \quad dc_2 = n_2 \cdot dN/N \text{ und } dc_3 = n_3 \cdot dN/N$$

mit $n_1 = -2, n_2 = -1$ und $n_3 = 2$. Im Zahlenbeispiel oben war $dN = 400$.

Wir berechnen nun die Änderung dS_M der Entropie $S_M = -N \cdot k \cdot \sum_{i=1}^{3} c_i \cdot \ln c_i$ bei einem einzelnen Reaktionsvorgang als Summe aus den partiellen Änderungen; zum Beispiel betrachten wir beim Ableiten nach c_1 (mit der Produktregel) die Größen c_2, c_3 als konstant:

$$\frac{\partial S_M}{\partial c_1} = -N \cdot k \cdot \ln c_1 - 1; \quad \frac{\partial S_M}{\partial c_2} = -N \cdot k \cdot \ln c_2 - 1; \quad \frac{\partial S_M}{\partial c_3} = -N \cdot k \cdot \ln c_3 - 1$$

Die gesamte Änderung wird damit

$$dS_M = \left(-N \cdot k \cdot \ln c_1 - 1\right) \cdot dc_1 + \left(-N \cdot k \cdot \ln c_2 - 1\right) \cdot dc_2 + \left(-N \cdot k \cdot \ln c_3 - 1\right) \cdot dc_3$$

$$= -N \cdot k \cdot \left(\ln c_1 \cdot dc_1 + \ln c_2 \cdot dc_2 + \ln c_3 \cdot dc_3\right)$$

$$= -k \cdot \left(n_1 \cdot \ln c_1 + n_2 \cdot \ln c_2 + n_3 \cdot \ln c_3\right) \cdot dN$$

$$= -k \cdot \left(\ln c_1^{n_1} + \ln c_2^{n_2} + \ln c_3^{n_3}\right) \cdot dN = -k \cdot \ln(c_1^{n_1} \cdot c_2^{n_2} \cdot c_3^{n_3}) \cdot dN$$

Allgemein nennt man bei r Reaktionspartnern das Produkt

$$K = c_1^{n_1} \cdot c_2^{n_2} \cdot \ldots \cdot c_r^{n_r} \tag{34}$$

die Konstante des **Massenwirkungsgesetzes**. Die Änderung dS_M bei dN elementaren Umwandlung ist gegeben durch

$$dS_M = k \cdot \ln K \cdot dN. \tag{35}$$

Dabei sind die Vorzeichen der Vorzahlen $n_1, n_2, ..$ der Reaktionspartner vor der Reaktion negativ, und die der restlichen positiv zu wählen.

Im einfachsten Fall wandelt sich nur ein Stoff oder Zustand A in einen anderen Stoff oder Zustand B um. Für die Konzentrationen c_A, c_B gilt dann $c_B = 1 - c_A$ und ds_M kann wie in Abschnitt 3.4 durch Ableiten von (27) berechnet werden:

$$ds_M = k \cdot \ln\frac{c_B}{c_A} \cdot dc_A = k \cdot \ln\frac{1-c_A}{c_A} \cdot dc_A.$$

Falls c_A sehr klein wird, kann K sehr groß sein. In 3.4, Abb. 3.5 haben wir bereits festgestellt, daß die Ableitung der Mischungsentropie s_M für $c\to 0$ und $c\to 1$ Pole besitzt.

Am Beispiel der Knallgasreaktion zeigen wir nun noch, wie man die Konzentrationen c_1, c_2 und c_3 für die Anteile H_2, O_2 und H_2O berechnen kann, für die die Mischungsentropie s_M maximal wird. Man benötigt hier neben der Beziehung $c_1 + c_2 + c_3 = 1$ noch eine weitere Gleichung, um s_M in Abhängigkeit von nur *einer* Konzentration darzustellen. Diese Gleichung erhält man aus dem als bekannt oder meßbar anzusehenden Verhältnis der in der Mischung enthaltenen H - und O - Atome:

$$\frac{N_H}{N_O} = \frac{2c_1 + 2c_3}{2c_2 + c_3}.$$

In unserem Beispiel war $N_H : N_O = c_1 : c_2 = 2$ und s_M wird, ausgedrückt durch c_2, zu $s_M(c_2) = -k \cdot (c_2 \cdot \ln c_2 + 2c_2 \cdot \ln 2c_2 + (1 - 3c_2) \cdot \ln (1 - 3c_2))$. Das Maximum von s_M erhält man für $c_2 = \dfrac{1}{\sqrt[3]{4}+3} \approx 0{,}218$, $c_1 = 2c_2 \approx 0{,}436$ und $c_3 = 1 - 3c_2 \approx 0{,}346$.

Der Informationsgehalt h nimmt bei diesen Konzentrationen seinen maximalen Wert $h \approx 1{,}524$ bit an. Das Gemisch bei unserem einführenden Beispiel mit $h = 1{,}5219$ bit enthält noch zuviele Wassermoleküle.

Durch die Mischungsentropie wird nur **ein** Entropieanteil bei chemischen Reaktionen beschrieben; andere Anteile, z.B. die Volumen- oder die Wärmeentropie müssen in die Gesamtbilanz noch mit einbezogen werden.

4.6 Entropiezunahme bei Energiemischung

Die „Objekte", deren Konzentrationen wir jetzt betrachten, sind Energieportionen in einem Körper. So wie sich die Moleküle in einem Gas fortbewegen können, was zur Erscheinung der Diffusion, d.h. zum Ausgleich räumlicher Konzentrationsunterschiede führt, so können sich auch Energieportionen fortbewegen und die Erscheinung des Temperaturausgleichs bewirken.

Beim idealen Gas liegt die innere Energie U ausschließlich als Bewegungsenergie der Teilchen vor; bei realen Gasen, Flüssigkeiten und festen Körpern tragen auch innere Anregungen der Moleküle oder Elektronen zur Energie U bei. Beim idealen Gas ist nach Gleichung (3) die Temperatur T proportional zur inneren Energie U; bei realen Körpern ist nach (6) die Energiezufuhr ΔQ pro-

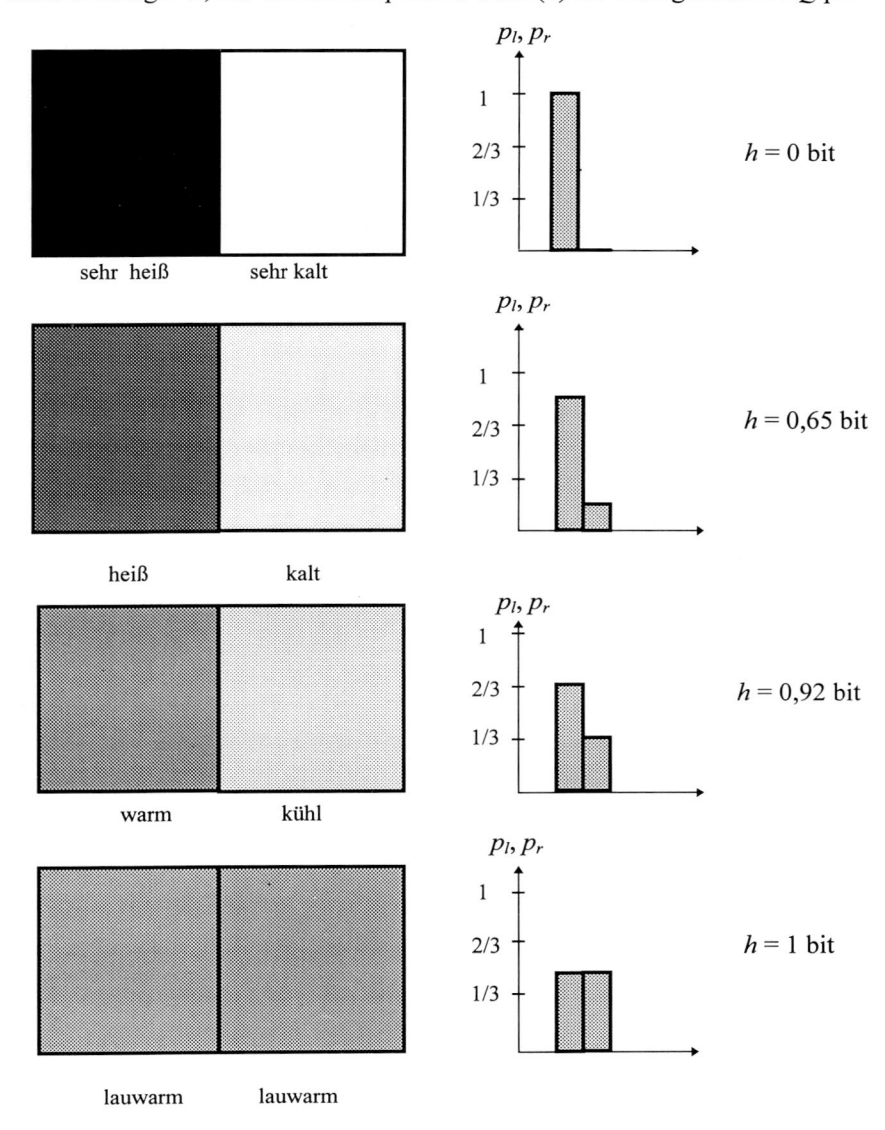

$h = 0$ bit

sehr heiß   sehr kalt

$h = 0{,}65$ bit

heiß   kalt

$h = 0{,}92$ bit

warm   kühl

$h = 1$ bit

lauwarm   lauwarm

Abbildung 4.5. Zunahme der Wärmemischungsentropie beim Temperaturausgleich

portional zur Temperaturerhöhung ΔT, aber die spezifische Wärmekapazität c kann selbst noch temperaturabhängig sein (siehe Abb. 3.7). Beim idealen Gas wird der Energietransport durch atomare Stoßvorgänge bewirkt; auch bei realen Körpern ist die innere Energie durch Wechselwirkungen im Körper räumlich beweglich. Dabei müssen die Energieträger selbst nicht – wie z.B. bei der Konvektion – mit der Energie mitwandern. Räumlich ungleiche Verteilungen der inneren Energie in einem Körper machen sich somit durch Temperaturunterschiede bemerkbar und können sich zeitlich verändern.

In einem einfachen Modell betrachten wir in Abb. 4.5 – analog zu den Abb. 4.2 und 4.3 – die Mischungsentropie von sechs Energieportionen, die sich in der linken oder rechten Hälfte eines Körpers mit konstanter Wärmekapazität mit den Wahrscheinlichkeiten p_l, p_r aufhalten können. Das Anwachsen des Informationsgehalts h ist gekoppelt mit dem Temperaturausgleich: Startet der Vorgang nicht beim Anfangszustand mit $h = 0$ bit und einer entsprechend großen Temperaturdifferenz, sondern z.B. bei $h = 0{,}65$ bit, so ist das Entropiewachstum und der Temperaturunterschied kleiner. Im Gleichgewichtszustand mit der maximalen Entropie haben sich die Temperaturen angeglichen.

Besitzt der zu erwärmende Körper nicht wie in Abb. 4.5 die gleiche Masse wie der heiße, sondern eine r-fache Masse, so ist die Situation analog zur r-fachen Volumenvergrößerung bei der Diffusion, und der Informationsgehalt h wächst beim Temperaturausgleich von 0 bit auf $\log_2 r$ bit.

Eine äquivalente Betrachtungsweise ergibt sich aus der Gleichung (29): Gibt der heißere Körper mit der Temperatur T_1 die Wärmemenge ΔQ ab, so erniedrigt sich seine Temperatur um ΔT_1 und seine Wärmeentropie um $\Delta S_1 = \Delta Q / T_1$; umgekehrt wächst die Temperatur T_2 des kälteren Körpers mit der gleichen Masse und Wärmekapazität um $\Delta T_2 = -\Delta T_1$ und seine Wärmeentropie um $\Delta S_2 = \Delta Q / T_2$. Zwar sind hier die Temperaturdifferenzen ΔT_1 und ΔT_2 betragsmäßig gleich, nicht aber die **relativen** Temperaturdifferenzen $\Delta T / T$, die den Entropieänderungen entsprechen. Das Entropiewachstum ΔS beim Übergang von ΔQ ist

$$\Delta S = \Delta S_1 - \Delta S_2 = \frac{\Delta Q}{T_1} - \frac{\Delta Q}{T_2} = \Delta Q \cdot \left(\frac{T_2 - T_1}{T_1 \cdot T_2} \right). \tag{36}$$

Beim Übergang einer Wärmemenge ΔQ von einem Körper mit $T_2 = 6000$ K auf einen anderen mit $T_1 = 300$ K ist $\Delta S = 0{,}0032 \cdot \Delta Q$ K^{-1}, beim Übergang von einem mit $T_2 = 600$ K auf einen mit $T_2 = 300$ K dagegen nur die Hälfte, $0{,}0016 \cdot \Delta Q$ K^{-1}. Es wäre daher falsch, die Entropieänderung ΔS beim Übergang der Wärmemenge ΔQ vorstellungsmäßig mit ΔQ selbst gleichzusetzen.

4.7 Gesetz der Entropiezunahme

In allen Beispielen dieses Abschnitts haben wir abgeschlossene Systeme betrachtet, bei denen eine innere Zwangsbedingung aufgehoben wurde:
- Die Diffusion in 4.3 setzt ein, nachdem eine Trennwand beseitigt ist,
- Mischungsvorgänge setzen ein, wenn Trennwände wegfallen,
- chemische Reaktionen können einsetzen, wenn die Reaktionspartner nicht getrennt sind,
- Wärme beginnt zu fließen, wenn zwei Körper in Kontakt gebracht werden,
- Bewegungsenergie wird zu Wärmeenergie durch Reibung.

Alle derartigen Vorgänge sind irreversibel und gekennzeichnet durch eine Zunahme der Entropie des Gesamtsystems.

Wir wollen uns den Grund für die Entropiezunahme nochmals an einem sehr einfachen Modellsystem vor Augen führen: Zunächst bestehe es aus zwei getrennten Teilbereichen A und B mit je zwei Teilchen mit Nummern 1,2 in A und

	Energieportionen auf 1	Energieportionen auf 2	$g_A(n_A)$	Energieportionen auf 3	Energieportionen auf 4	$g_B(n_B)$
$n_A = 0, n_B = 4$	0	0	1	0 1 2 3 4	4 3 2 1 0	1 4 6 4 1
$n_A = 1, n_B = 3$	0 1	1 0	1 1	0 1 2 3	3 2 1 0	1 3 3 1
$n_A = 2, n_B = 2$	0 1 2	2 1 0	1 2 1	0 1 2	2 1 0	1 2 1
$n_A = 3, n_B = 1$	0 1 2 3	3 2 1 0	1 3 3 1	0 1	1 0	1 1
$n_A = 4, n_B = 0$	0 1 2 3 4	4 3 2 1 0	1 4 6 4 1	0	0	1

Tabelle 4.6. Anzahlen g_A bzw. g_B der Verteilungsmöglichkeiten von vier Energieportionen auf zwei Teilbereiche A,B mit je zwei Trägerteilchen

3, 4 in B; insgesamt stehen 4 Energieportionen zur Aufteilung auf die vier Teilchen bereit. Wir nennen $g_A(n)$ bzw. $g_B(n)$ die Anzahlen der Verteilungsmöglichkeiten von n Energieportionen in den Teilsystemen A bzw. B.

Falls z.B. in der zweiten Zeile von Tabelle 4.6 $n_A = 0$ und $n_B = 4$ ist, gibt es vier mögliche Aufteilungen der vier Energieportionen auf die zwei Teilchen mit Nummern 3 bzw. 4, wobei auf dem Teilchen Nr. 3 nur eine Energieportion liegt: jede der vier Portionen kann nämlich auf Teilchen Nr. 3 liegen und die jeweils anderen auf Teilchen Nr. 4.

Einer Anfangsverteilung der Energieportionen, bei der im Bereich B vier Energieportionen sind und in A keine, entsprechen nun $1 \cdot (1 + 4 + 6 + 4 + 1) = 16$ mögliche Mikrozustände. Entfernt man nun aber die Trennwand zwischen A und B, so erhält man die Anzahl g der möglichen Verteilungen des Gesamtsystems folgendermaßen:

$$g = 1 \cdot 16 + 2 \cdot 8 + 4 \cdot 4 + 8 \cdot 2 + 16 \cdot 1 = 80,$$

allgemein: $g = g_A(0) \cdot g_B(4) + g_A(1) \cdot g_B(3) + g_A(2) \cdot g_B(2) + g_A(3) \cdot g_B(1) + g_A(4) \cdot g_B(0)$

$$= \sum_{n_A=0}^{4} g_A(n_A) \cdot g_B(4 - n_A).$$

Der Temperaturausgleich in unserem Modell stellt sich dann ein, wenn die Trennwand zwischen den Teilen A und B beseitigt wird und nicht nur die Verteilungen gemäß $n_A = 0$ und $n_B = 4$, sondern auch alle anderen Aufteilungen möglich werden. Die Anzahl der Mikrozustände steigt dabei von 16 auf 80 an; damit wächst auch die Entropie des Gesamtsystems.

Kann man nun dem „Energiefluß" von durchschnittlich zwei Energieportionen vom Ausgangszustand $n_A = 0$, $n_B = 4$ hin zur Gleichverteilung $n_A = 2$, $n_B = 2$ einen „Entropiefluß" zuordnen? Im Teilsystem A wächst dabei g_A von 1 auf 4 und im Teilsystem B sinkt g_B von 16 auf 4 Verteilungsmöglichkeiten. Diese beiden Differenzen sind nicht gleich; man erkennt, daß es nicht möglich ist, der transferierten Energiemenge allein und absolut eine „mitfließende" Entropiemenge zuzuordnen. Der isolierte Vorgang allein verändert auch die Anzahl der Verteilungsmöglichkeiten (von $1 \cdot 16$ nach $4 \cdot 4$) nicht und besitzt damit keinen Zeitpfeil. Entscheidend ist vielmehr der Übergang in der Betrachtung zweier diskreter Einzelsysteme A, B zum Gesamtsystem A + B.

5. Das ideale Gas im Gleichgewicht - statistisch untersucht

5.1 Der Ansatz der statistischen Mechanik

In der klassischen Mechanik ist der Zustand eines idealen Gases zu einem Zeitpunkt vollständig bestimmt, wenn man die Orte und Impulse aller Moleküle des Gases kennt. Für jedes einzelne Gasteilchen sind damit drei Zahlen für die Orts- und drei Zahlen für die Impulsangabe erforderlich. Beschränkt man sich auf eine einzige Dimension, z.B. in x-Richtung, so benötigt man nur eine Orts- und eine Impulsangabe. Man kann dann den Zustand eines Teilchens als Punkt in einer Ebene mit einem Koordinatensystem darstellen, dessen Rechtsachse den Ort x und dessen Hochachse den Impuls p_x enthält. Man nennt diese Ebene die **Phasenebene** des Teilchens. Den entsprechenden sechsdimensionalen Raum, in dem der Zustand eines Teilchens in dreidimensionaler Betrachtung als Punkt erscheint, heißt der (Einteilchen-) **Phasenraum**. Wir wollen uns hier auf die eindimensionale Betrachtung beschränken.

In 1.13 haben wir festgestellt, daß bei Zimmertemperatur zwischen zwei Zusammenstößen von Gasteilchen im Durchschnitt nur eine Zeitspanne von etwa 1 ns liegt und die mittlere freie Weglänge einige hundert nm beträgt. Verfolgen wir die Bewegung eines Teilchens, so erscheint sie in der Phasenebene wie eine zufällige Zickzacklinie, denn bei jedem Stoß ändert sich der Impuls auf zufällige Weise.

Eine wichtige Einschränkung der klassischen Beschreibung ergibt sich nach 1.14 durch die *Heisenberg*sche Unschärferelation (11): $\Delta x \cdot \Delta p_x \geq h/2\pi$. Es ist danach nicht möglich, den Ort eines Teilchens in der Phasenebene genauer festzulegen als bis auf eine kleinste Fläche, einen Elementarbereich der Größe $h/2\pi$. Geht man von elementaren Rechtecken mit Seitenlängen Δx und Δp_x aus, so hängt die Form dieser Rechtecke ab von äußeren Randbedingungen. Durch die Vorgabe der Temperatur T war in 3.2 z.B. Δp_x und daraus auch Δx bestimmt (siehe Gleichung (20)). Umgekehrt war in 3.5 durch die Vorgabe des verfügbaren Volumens Δx und daraus Δp_x festgelegt; in diesem Fall war Δx makroskopisch groß und die Rechtecke waren extrem langgestreckt.

Eine „Irrfahrt" eines Teilchens in der Phasenebene könnte man danach darstellen als ein rasches, sukzessives Aufblinken der Rechtecke in der Phasenebene, die den Ort und Impuls des Teilchens gerade überdecken. In der unnormierten Darstellung in Abb. 5.1 wird dies veranschaulicht; dabei kann den einzelnen

Stationen auch keine exakte „Fahrplanzeit" zugeordnet werden, denn aus der Impulsunschärfe folgt auch eine Zeitunschärfe.

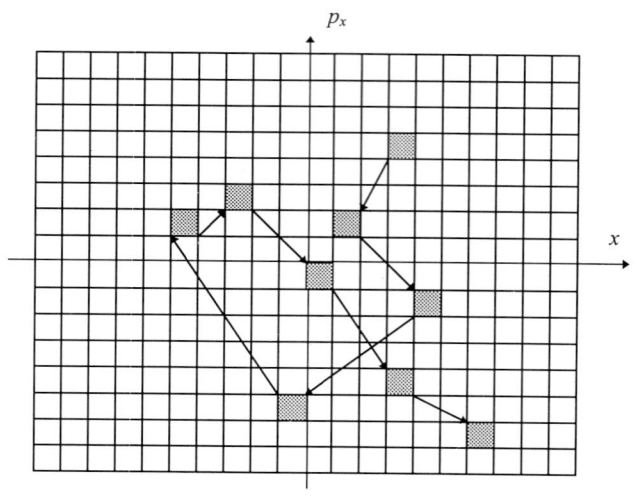

Abbildung 5.1. „Irrfahrt" eines Gasteilchens in der Phasenebene; die Rechtsachse ist die Ortsachse, die Hochachse die Impulsachse.

In einigen Sekunden durcheilt nun jedes Teilchen Milliarden von Rechtecken der Phasenebene. In der Statistischen Mechanik verzichtet man deshalb darauf, die einzelnen Stationen nachzuzeichnen und interessiert sich nur für die Wahrscheinlichkeit, ein Teilchen in makroskopischen Zeitintervallen in einem vorgegebenen Bereich der Phasenebene anzutreffen. Sind diese Wahrscheinlichkeiten selbst unabhängig von der Zeit, so nennt man die Wahrscheinlichkeitsverteilung **stationär**; das System ist dann in einem stabilen Zustand des Gleichgewichts. Hängt die Wahrscheinlichkeitsverteilung selbst von der Zeit ab, so besitzt des System eine zeitliche Entwicklungstendenz; man nennt zeitlich veränderliche Wahrscheinlichkeitsverteilungen **Prozesse**. Wir betrachten in diesem Abschnitt zunächst stationäre Zustände.

Eine weitere wichtige Fragestellung betrifft nicht wie bisher Eigenschaften einzelner Teilchen, wie z.B. ihren Ort, ihren Impuls oder ihre Energie, sondern die Anzahl gleichartiger Teilchen aus einer Gesamtheit, die eine gewisse Eigenschaft besitzen. Wir können z.B. fragen nach der Anzahl der Teilchen, die einen gewissen Bruchteil der gesamten Energie des Gases besitzen, oder nach der Anzahl, die sich in einem bestimmten räumlichen Bereich aufhält. Teilen wir diese Anzahlen durch die Gesamtzahl der Teilchen, so ergeben sich Wahrscheinlichkeitsaussagen über relative Häufigkeiten von Teilchen mit den fraglichen Eigenschaften.

5.2 Ortsverteilungen

Wir gehen aus von einem Raum bekannter Größe und wollen nur wissen, ob ein Teilchen sich in der rechten oder linken Hälfte aufhält; die Impulse der Teilchen interessieren uns nicht. Die Phasenebene in Abb. 5.1 besteht dann nur aus zwei Rechtecken, die regellos „aufblinken", wenn sie den Ort des Teilchens gerade überdecken. Das Teilchen soll sich nun in beiden Hälften mit der gleichen Wahrscheinlichkeit $p = 0{,}5$ aufhalten.

Im nächsten Schritt betrachten wir nun $n = 6$ Teilchen und fragen nach der Zahl k dieser Teilchen, die sich gerade in der rechten Hälfte aufhalten. Wenn wir die Antwort „rechts" für ein Teilchen mit „1" kodieren und die Antwort „links" mit 0, so entspricht eine mögliche Konstellation einer sechsstelligen Dualzahl. Die folgenden Anordnungen der sechs Teilchen sind möglich:

$k=0$	$k=1$	$k=2$	$k=3$	$k=4$	$k=5$	$k=6$
000000	100000	110000	111000	111100	111110	111111
	010000	101000	110100	111010	111101	
	001000	100100	110010	111001	111011	
	000100	100010	110001	110110	110111	
	000010	100001	101100	110101	101111	
	000001	011000	101010	110011	011111	
		010100	101001	101110		
		010010	100110	101101		
		010001	100101	101011		
		001100	100011	100111		
		001010	011100	011110		
		001001	011010	011101		
		000110	011001	011011		
		000101	010110	010111		
		000011	010101	001111		
			010011			
			001110			
			001101			
			001011			
			000111			

$$\binom{6}{0}=1 \quad \binom{6}{1}=6 \quad \binom{6}{2}=15 \quad \binom{6}{3}=20 \quad \binom{6}{4}=15 \quad \binom{6}{5}=6 \quad \binom{6}{6}=1$$

Wir erkennen, daß hier derselbe Sachverhalt vorliegt wie beim Ausfüllen eines Lottoscheins in 2.3 oder bei den binären Mischungen in 3.4: die Anzahl g der Teilmengen mit je k Elementen aus einer Grundmenge mit n Elementen ist gegeben durch die Binomialkoeffizienten $g_n(k) = \binom{n}{k} = \dfrac{n!}{k! \cdot (n-k)!}$. Sie geben gerade die Anzahlen der Mikrozustände an, die zu einem durch die Zahl k definierten Makrozustand gehören. Die Anzahl der Anordnungen der sechs Teilchen, die es überhaupt gibt, erhält man durch Abzählen zu 64. Allgemein gilt, daß eine Menge mit n Elementen 2^n Teilmengen besitzt. Die Wahrscheinlichkeit einer Anordnung, bei der k Teilchen in der rechten Hälfte sind, ist also hier $P(k) = g_6(k) / 64$ und bei n Teilchen $g_n(k) / 2^n$.

So wie sich in der Phasenebene jedes einzelne Teilchen regellos in einem überdeckenden Rechteck aufhält, so werden die 64 Anordnungen der sechs Teilchen alle mit gleicher Wahrscheinlichkeit zufällig zustande kommen. Wir können die Arbeitsweise in der Statistischen Mechanik damit durch das folgende Spiel veranschaulichen: Die 64 möglichen Anordnungen werden durch 64 numerierte Karten dargestellt nach der folgenden Abzählung:

Abzählung	1	2-7	8-22	23-42	43-57	58-63	64
k	0	1	2	3	4	5	6

Diese Karten werden in eine Urne gelegt und gemischt. Die zeitliche Entwicklung des Systems läßt sich dadurch simulieren, daß jemand in festen Zeitintervallen aus der Urne blind eine Karte zieht, die Nummer abliest und die Karte wieder zurücklegt. Die Folge der so erhaltenen Werte von k wird in ein Diagramm eingetragen. Beispielsweise könnte sich bei 12 Ziehungen folgendes ergeben:

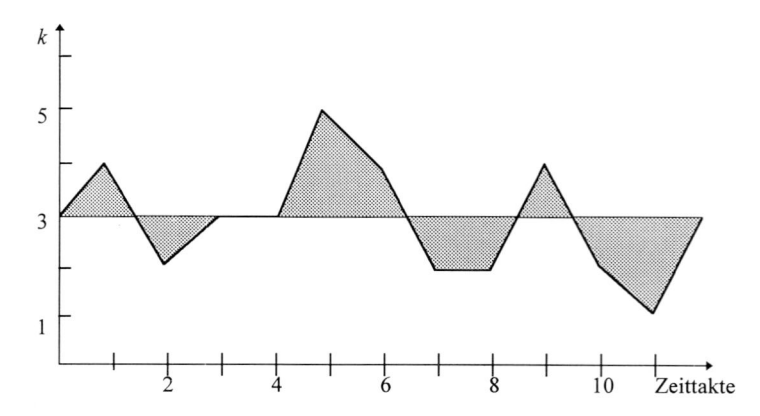

Abbildung 5.2. Statistische Schwankungen der Aufenthaltswahrscheinlichkeiten von sechs Teilchen in der rechten bzw. linken Hälfte eines Raumes

Extreme Abweichungen von der annähernden Gleichverteilung der Teilchen auf die rechte und linke Hälfte sind hier kaum zu erwarten, da ihr ja nur zwei der 64 Karten in der Urne entsprechen. Da die Aufenthaltswahrscheinlichkeiten $p = 0,5$ der einzelnen Teilchen nicht von der Zeit abhängen, simuliert dieses Spiel die Einstellung des **Gleichgewichtszustands**.

Die Abb. 5.3 zeigt $g(k)$ für $n = 50$. Man sieht, daß Abweichungen von $k = 25$ um mehr als 5 Teilchen nur kleine Anzahlen g besitzen. Spielt man hier mit $2^{50} \approx 10^{15}$ Karten ein Spiel wie oben, so wird man im Durchschnitt nur in einer von 10^{15} Ziehungen die Karte ziehen, bei der sich alle Teilchen in der rechten Hälfte aufhalten. Zieht man pro Sekunde eine Karte, so geschieht das alle 35 Millionen Jahre einmal.

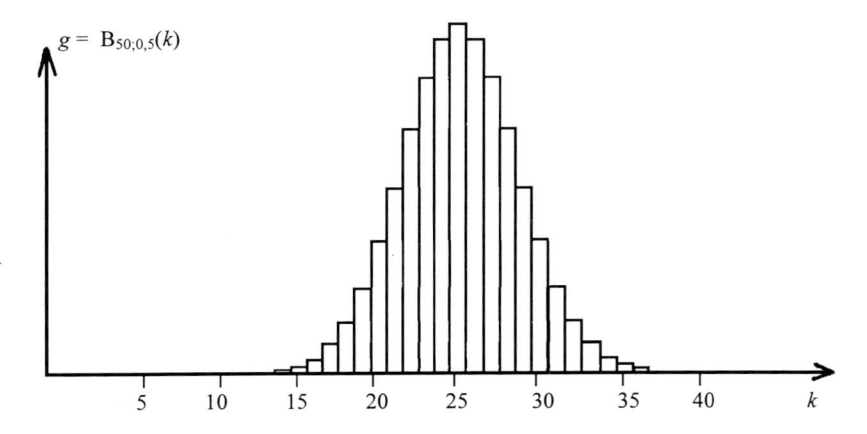

Abbildung 5.3. Anzahl g der möglichen Aufteilungen von 50 Teilchen auf zwei Hälften eines Raumes, wobei k Teilchen in der rechten Hälfte sind.

In 3.4 haben wir die Entropie binärer Mischungen mit Konzentrationen c_1 und c_2 der beiden Bestandteile untersucht und die Gleichung (27) erhalten. Wir können diese Herleitung hier unmittelbar übertragen, wenn wir für c_1 den Anteil der Teilchen in der linken Hälfte und für c_2 den in der rechten Hälfte setzen. Wie in Abb. 3.5 ergibt sich auch hier ein Maximum der Entropie für die Gleichverteilung $c_1 = c_2$. Wir erkennen hier nun, daß das Maximum der Entropie in der Statistischen Mechanik nicht starr angenommen wird, sondern daß es unvermeidbare **statistische Schwankungen** um dieses Maximum gibt.

Wir wollen nun noch die Größe dieser Schwankungen für sehr große Teilchenzahlen n abschätzen. Die Anzahl der Teilchen rechts sei n_r, die der Teilchen links sei $n_l = n - n_r$. Wir setzen nun die Abweichung s so fest, daß gilt

$$n_l = \frac{1}{2} n - s \quad \text{und} \quad n_r = \frac{1}{2} n + s, \quad \text{so daß} \quad n_r - n_l = 2 \cdot s.$$

Mit Hilfe der *Stirling*schen Formel (17) berechnen wir die Entropie S in der Nähe des Gleichgewichtszustandes zunächst wie vor Gleichung (27):

$$S/k = \ln \frac{n!}{n_r! \cdot n_l!}$$

$$= -n_r \cdot \ln \frac{n_r}{n} - n_l \cdot \ln \frac{n_l}{n}$$

$$= -n_r \cdot \ln\left(\frac{1}{2} + \frac{s}{n}\right) - n_l \cdot \ln\left(\frac{1}{2} - \frac{s}{n}\right)$$

$$= -n_r \cdot \ln \frac{1}{2}\left(1 + \frac{2s}{n}\right) - n_l \cdot \ln \frac{1}{2}\left(1 - \frac{2s}{n}\right)$$

$$= (n_r + n_l) \cdot \ln 2 - n_r \cdot \ln\left(1 + \frac{2s}{n}\right) - n_l \cdot \ln\left(1 - \frac{2s}{n}\right)$$

Für kleine Abweichungen $x = 2s/n$ benutzen wir nun die Reihenentwicklung von $\ln(1 + x)$:

$$\ln(1+x) \approx x - \frac{1}{2} \cdot x^2 .$$

Damit ergibt sich

$$S/k \approx n \cdot \ln 2 - n_r \cdot \frac{2s}{n} + \frac{n_r}{2}\left(\frac{2s}{n}\right)^2 + n_l \cdot \frac{2s}{n} + \frac{n_l}{2}\left(\frac{2s}{n}\right)^2$$

$$= n \cdot \ln 2 - \frac{2s}{n}(n_r - n_l) + \frac{2s^2}{n^2}(n_r + n_l)$$

$$= n \cdot \ln 2 - \frac{2s^2}{n} .$$

Für die Anzahl g der Mikrozustände zur Abweichung s vom Gleichgewichtswert ergibt sich so eine **Gauß**sche **Normalverteilung** (s. Abb. 5.3.):

$$g(s) = e^{S/k} = 2^n \cdot e^{-\frac{2s^2}{n}} \qquad (37)$$

Für $s^2 = n/2$ hat der Wert von g auf das e^{-1}-fache des Maximalwertes abgenommen. Wir können diese Bedingung umformen zu

$$\frac{s}{n} = \sqrt{\frac{1}{2n}}$$

Hier gibt s/n die **relative** Abweichung vom Maximalwert an und ist damit ein Maß für die zu erwartenden statistischen Schwankungen. Für ein Mol, also rund $n \approx 10^{24}$ Teilchen wird $s/n \approx 10^{-12}$. Bei sehr großen n ist die Verteilung der Anzahlen g also – relativ gesehen – äußerst scharf begrenzt. Die Vorhersagen, die die Statistische Mechanik für Systeme mit vielen Teilchen oder Freiheitsgraden im Gleichgewicht gestattet, sind damit außerordentlich präzise.

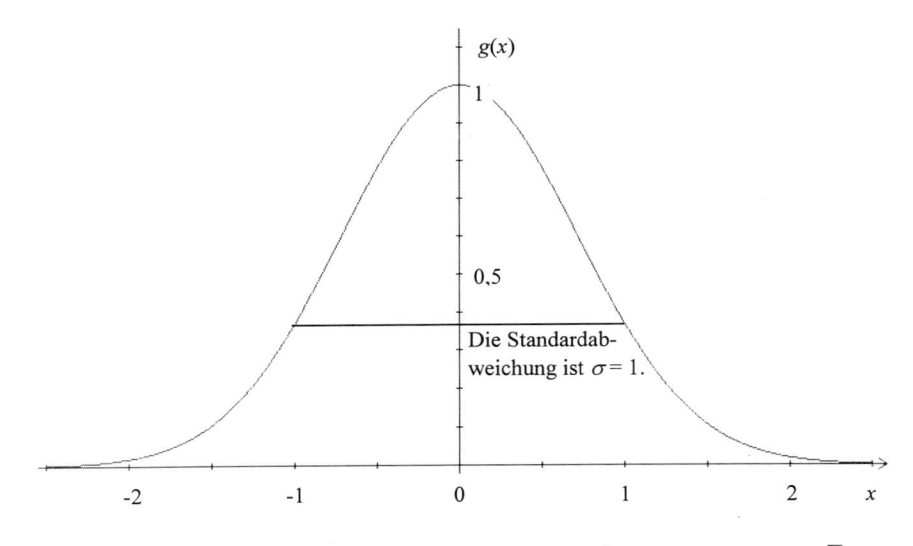

Abbildung 5.4. Schaubild der Gauß - Funktion $g(x) = \exp(-x^2/2)$. In (37) ist $x = 2s/\sqrt{n}$ die normierte Abweichung von der Gleichverteilung der n Teilchen auf die linke und rechte Hälfte eines Raums.

5.3 Der *Boltzmann*-Faktor

Wir fragen nun bei einem Gasteilchen in der Phasenebene nicht nach dem Aufenthaltsort x, sondern nach seinem Impuls p_x, und damit nach seiner Bewegungsenergie W: sind alle möglichen Impuls- und Energiezustände analog zur Ortsverteilung innerhalb gewisser Schranken gleich wahrscheinlich? Entscheidend für die Energie, die ein Teilchen besitzt, sind ja die Stoßvorgänge mit anderen Teilchen und der dabei erfolgende Energietransfer.

Wir betrachten zur ersten Orientierung eine Computersimulation mit 12·23 = 276 Teilchen, die in einer Ebene angeordnet sind. Insgesamt stehen 5520 Energieportionen zur Verfügung. Zu Beginn sollen alle Teilchen den gleichen „Kontostand" von 20 Energieportionen besitzen. Anschließend kann jedes Teilchen mit seinen acht Nachbarn - gesteuert durch einen Zufallsgenerator - eine Energieportion austauschen. Nach 50 Durchgängen hat sich in einem Experiment z.B. die folgende Energieaufteilung ergeben:

```
20 21 24 18 18 20 17 21 21 16 15 18
18 27  8 18 20 18 26 24 16 15 20 24
20 23 18 17 17 23 25 10 22 17 29 20
18 18 16 33 20 23 21 15 25 19 16
19 30 21 23 25 18 12 21 24 30 23 24
14 23  6 25 26 15 16 24 16 17 15 19
26 21 19 16 14 23 34 19 29 11 25 20
19 15 15 28 21 15 27 15 29 17 12 20
23 27 22 23 25 17 11  8 16 27 31 21
27 11 23 14 19 15 22 28  9 27 19 22
30  8 21 17 26 17 33 11  9 17 17 18
17 23 21 19 33 20 15 15 27 20 20 17
18 24 16 14  6 20 29 17 23 26 27 18
21 23 28 28 35 14  7 26 24  2 16 20
10 15 29 22 16 11 19 22 22 26 25 18
21 24 18 16 19 22 32 20  7 24 33 21
16 10 20 27 19 22 18 20 27 18 26 10
23 34 31 10 22 19 15 18 36 15 14 19
19 18  0 13 26 21 21 19 29 12 11 19
23 20 21 19 13 23 26 15 22 26 11 22
22 21 20 23 23 21 16 24 25 14 13 26
18 20 14 37 21 13 20 18  7 17 19 25
24 17 21 22 14 23 21 25 23 21 17 21
```

Abbildung 5.5. Aufteilung von 5520 Energieportionen auf 276 Teilchen nach 50 Durchgängen

Wir stellen durch Abzählen fest, daß hier 14 Teilchen 10 und mehr Energieportionen „gewonnen" haben, aber 17 Teilchen 10 und mehr Portionen abgegeben haben; gibt es also eine Tendenz hin zu einer Verteilung, bei der die Wahrscheinlichkeit, ein Teilchen mit kleiner Energie anzutreffen größer ist als die, ein energiereiches zu finden? Gegen welche stationäre Endverteilung streben diese Wahrscheinlichkeiten z.B. nach 100000 Durchgängen? Analog zum Vorgehen bei der Ortsverteilung müssen wir in der Statistischen Mechanik die Anzahl g der Mikrozustände berechnen, die einem Makrozustand, also einer bestimmten Energieverteilung, zugeordnet sind. Alle überhaupt möglichen Mikrozustände zu allen Energieverteilungen sind dann gleich wahrscheinlich und können wieder durch ein „Urnenspiel" ausgewählt werden. Der Zustand mit der größten Anzahl g wird sich dabei am häufigsten einstellen.

Wir untersuchen zunächst ein einfaches Beispiel: 7 Markstücke sollen auf 4 Personen verteilt werden. Die Abb. 5.6 zeigt drei Möglichkeiten der Aufteilung, die entsprechenden Anzahlen g und die Informationsinhalte h. Die Variante links, bei der eine Person alles erhält, besitzt 4 Mikrozustände entsprechend der Anzahl der Personen; entsprechendes gilt für die Aufteilung rechts, denn jede

Person kann die eine Mark erhalten. Im mittleren Fall ist $g = 4\cdot 3\cdot 2\cdot 1$ entsprechend der Zahl 4! der Vertauschungen der verschiedenen Geldmengen auf die vier Personen.

Makro-zustände			
Personen	1 2 3 4	1 2 3 4	1 2 3 4
Anzahl g der Mikro-zustände	4	24	4
Informations-gehalt h in bit	$\log_2 4 = 2$	$\log_2 24 = 4{,}6$	$\log_2 4 = 2$

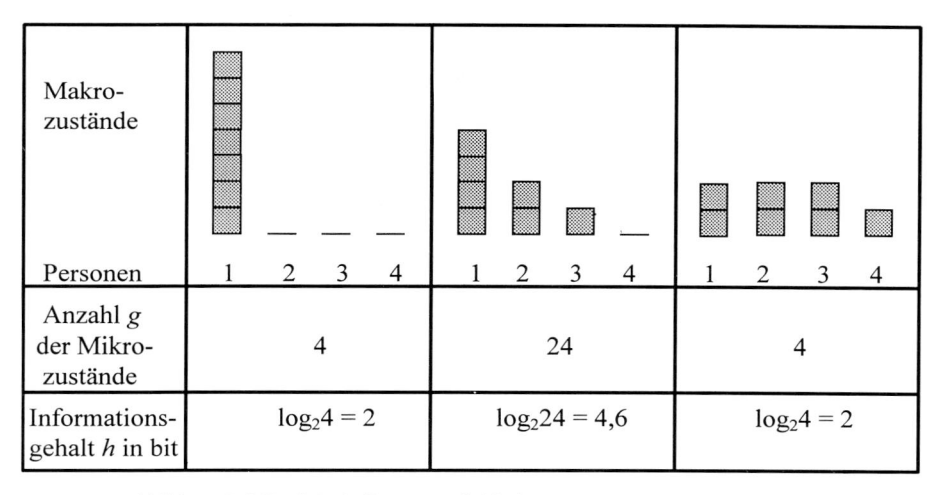

Abbildung 5.6. Drei Aufteilungsmöglichkeiten von 7 DM auf 4 Personen

Um g für beliebige Verteilungen zu berechnen, führen wir folgende Bezeichnung ein: n_i ($i = 0,...,7$) seien die Anzahlen der Personen mit i Markstücken.

Beispiele: Links : $n_0=3$; $n_1=0$; $n_2=0$; $n_3=0$; $n_4=0$; $n_5=0$; $n_6=0$; $n_7=1$.
Mitte : $n_0=1$; $n_1=1$; $n_2=1$; $n_3=0$; $n_4=1$; $n_5=0$; $n_6=0$; $n_7=0$.
Rechts : $n_0=0$; $n_1=1$; $n_2=3$; $n_3=0$; $n_4=0$; $n_5=0$; $n_6=0$; $n_7=0$.

Offensichtlich gilt immer $n_0 + n_1 + n_2 +...+ n_7 = 4$, der Anzahl der Personen.
Die Anzahlen $g(n_1,...,n_7)$ sind nun Erweiterungen der Binomialkoeffizienten $g(n_0,n_1)$: Wir können ja die Anzahl der Teilmengen der Größe k aus einer Menge der Größe n umdeuten als Anzahl der Verteilungsmöglichkeiten von k DM auf n Personen ($0 \leq k \leq n$), wobei jede Person entweder 0 DM oder 1 DM erhält: Wird sie beschenkt, so gehört sie zur betrachteten Teilmenge. Es gilt damit

$$g(n_1,...,n_7) = \frac{4!}{n_0! \cdot n_1! \cdot ... \cdot n_7!}. \qquad (38)$$

Man nennt diese Zahlen **Polynomialkoeffizienten**. Wir berechnen nun noch die restlichen Polynomialkoeffizienten bei unserem Beispiel:

Zustand	6-1-0-0	5-2-0-0	4-3-0-0	5-1-1-0	3-3-1-0	3-2-2-0	4-1-1-1	3-2-1-1
g	12	12	12	12	12	12	4	12

Insgesamt gibt es $m = 120$ Mikrozustände. Bei einem „Urnenspiel" mit 120 numerierten Karten – analog zu dem in 5.2 – würde man also im Durchschnitt jedes fünfte Mal die Verteilung 4-2-1-0 ziehen, aber nur jedes 30. Mal die Verteilung 7-0-0-0 oder 2-2-2-1. Wie häufig wird man eine Verteilung ziehen, bei der die Hälfte der Personen nur 0 DM oder 1 DM erhält? Dieses Ereignis trifft auf 104 der 120 Mikrozustände zu und wird daher meistens eintreten.

Wir vergleichen diese Untersuchung mit dem Computerexperiment: Den Molekülen dort entsprechen hier die Personen und den Energieportionen die Geldstücke. Die dort gefundene Vermutung wird hier bestätigt: Die zufällige Aufteilung einer in festen Portionen vorgegebenen Gesamtmenge auf eine bestimmte Anzahl von Plätzen erfolgt mit großer Wahrscheinlichkeit nicht gleichmäßig, sondern so, daß die Mehrzahl der Plätze nur wenige Portionen erhalten.

Wir notieren hier noch den mittleren Informationsgehalt h bei diesem Spiel:

$$h = -\sum_i \frac{g_i}{m} \cdot \log_2 \frac{g_i}{m} = 7 \cdot \left(-\frac{1}{10}\log_2 \frac{1}{10}\right) + 3 \cdot \left(-\frac{1}{4}\log_2 \frac{1}{4}\right) - \frac{1}{5} \cdot \log_2 \frac{1}{5} = 4{,}3 \text{ bit}.$$

Wie verändern sich nun die $g(n_1,...,n_7)$ bei unserem Beispiel durch den Austausch eines Geldstücks? Wir betrachten als Beispiel in Abb. 5.6 die rechte Verteilung 2-2-2-1: Erhält etwa die Person Nr. 2 ein zusätzliches Markstück, so gilt $n_2 \to n_2-1$ und $n_3 \to n_3+1$; nimmt man dieses Geldstück der Person Nr. 1 weg, so gilt insgesamt $n_2 \to n_2-2$, $n_1 \to n_1+1$ und $n_3 \to n_3+1$. Für die neue Anzahl g' gilt dann

$$g'(n_0,n_1+1,n_2-2,n_3+1,n_4,n_5,n_6,n_7) = \frac{4!}{n_0! \cdot (n_1+1)! \cdot (n_2-2)! \cdot (n_3+1)! \cdot n_4! \cdot n_5! \cdot n_6! \cdot n_7!}$$

Für das Verhältnis g'/g aus (38) ergibt sich bei dieser „Geldübergabe"

$$\frac{g'}{g} = \frac{n_1! \cdot n_2! \cdot n_3!}{(n_1+1)! \cdot (n_2-2)! \cdot (n_3+1)!} = \frac{n_2 \cdot (n_2-1)}{(n_1+1) \cdot (n_3+1)} \quad (39)$$

Wir wollen nun, der Darstellung in [21] folgend, übergehen zu sehr großen Platz- und damit Teilchenzahlen N und noch wesentlich größeren, aber festen Anzahlen von zu verteilenden Portionen; dabei denken wir z.B. an Energiequanten ε, die auf ein Mol eines Gases zu verteilen sind; auch die Anzahlen n_i der mit i Quanten besetzten Teilchen, also mit der Energie $w_i = i \cdot \varepsilon$, sind dann sehr groß und das Verhältnis g'/g beim Austausch eines Quants zwischen Teilchen mit i Portionen wird

$$\frac{g'}{g} = \frac{n_i \cdot (n_i-1)}{(n_{i-1}+1) \cdot (n_{i+1}+1)} \approx \frac{n_i^2}{n_{i-1} \cdot n_{i+1}} = \frac{n_i}{n_{i+1}} : \frac{n_{i-1}}{n_i}.$$

Ist das System nun in einem Zustand des Gleichgewichts, so darf sich g durch den Transfer einer Energieportion ε – abgesehen von statistischen Schwankungen – nicht wesentlich ändern; die Bedingung für die extremale Verteilung der Anzahlen n_i lautet: $\Delta g = g' - g \approx 0$. Somit wird

$$\frac{n_i}{n_{i-1}} = \frac{n_{i+1}}{n_i} = q$$

mit einer Konstanten $q > 0$. Eine spezielle Lösung wäre gegeben mit $q = 1$, so daß alle Besetzungszahlen n_i gleich sind. Es muß aber berücksichtigt werden, daß die Gesamtzahl $N = n_0 + n_1 + ... + n_i$ der Teilchen und gleichzeitig die Gesamtenergie $W = n_0 \cdot w_0 + n_1 \cdot w_1 + ... + n_i \cdot w_i$ konstant ist. Diese beiden Nebenbedingungen machen die gleichmäßige Besetzung aller n_i unmöglich; die Zahl der Teilchen mit vielen Energieportionen ε ist vielmehr geringer als die mit wenigen. Daraus folgt, daß die n_i eine **abnehmende geometrische Reihe** bilden müssen mit $q < 1$; die Besetzungszahlen n_i hängen exponentiell ab von den Energien w_i. Wählt man als Basis die Zahl e, so gilt mit einer positiven Konstanten β:

$$n_0 = n_0 \cdot e^{-\beta w_0}$$
$$n_1 = n_0 \cdot e^{-\beta w_1}$$
$$n_2 = n_0 \cdot e^{-\beta w_2}$$
$$\dots\dots\dots$$
$$n_i = n_0 \cdot e^{-\beta w_i}$$
(40)

Wie hängt nun β mit der Temperatur zusammen? Wird die Temperatur T des Gases immer kleiner, so nimmt die Anzahl der Energieportionen ε insgesamt ab, so daß n_i gegen null streben muß für $i \geq 1$. Das ist nur möglich, falls für $T \to 0$ K die Zahl β gegen unendlich strebt, also z.B. bei einer antiproportionalen Beziehung $\beta \sim 1/T$.

Zur exakten Bestimmung des Zusammenhangs berechnen wir die Erhöhung der Entropie Δs des Gases mit der Temperatur T beim Hinzufügen einer Energieportion ε: Nach Gleichung (29) ist $\Delta s = \varepsilon / T$, denn die Energiezufuhr ε erfolgt in Form von Wärme. In einer Überlegung analog zu der bei der „Geldübergabe" in (39) können wir andererseits die Entropieänderung $\Delta s = k \cdot (\ln g' - \ln g)$ bei der „Energiezufuhr" für große Besetzungszahlen n_i nach (40) berechnen:

$$\Delta s = k \cdot \ln\frac{g'}{g} \approx k \cdot \ln\frac{n_i}{n_{i+1}} = k \cdot \ln e^{\beta \cdot \varepsilon} = k \cdot \beta \cdot \varepsilon.$$

Daraus folgt $\beta = 1/(k \cdot T)$; für die Besetzungszahlen n_i mit der Energie w_i gilt

$$n_i = n_0 \cdot e^{-\frac{w_i}{k \cdot T}}. \tag{41}$$

Man nennt den Faktor $e^{-\frac{\varepsilon}{k \cdot T}}$ **Boltzmann-Faktor** und die Verteilung der Besetzungszahlen gemäß (41) **Boltzmann-Verteilung**. Sie ist gültig für die Aufteilung einer großen Zahl von Energieportionen entsprechend einer nicht zu geringen Temperatur auf voneinander unabhängige Teilchen.

Wie gelangt man nun zur Annahme diskreter Energieportionen? In 3.2 haben wir festgestellt, daß aufgrund der *Heisenberg*schen Unschärferelation bei der Temperatur T eine Impulsunschärfe $\Delta p_x = \sqrt{k \cdot T \cdot m / 2\pi}$ und damit auch eine Energieunschärfe $\Delta w = \Delta p_x^2 / 2m$ resultiert.

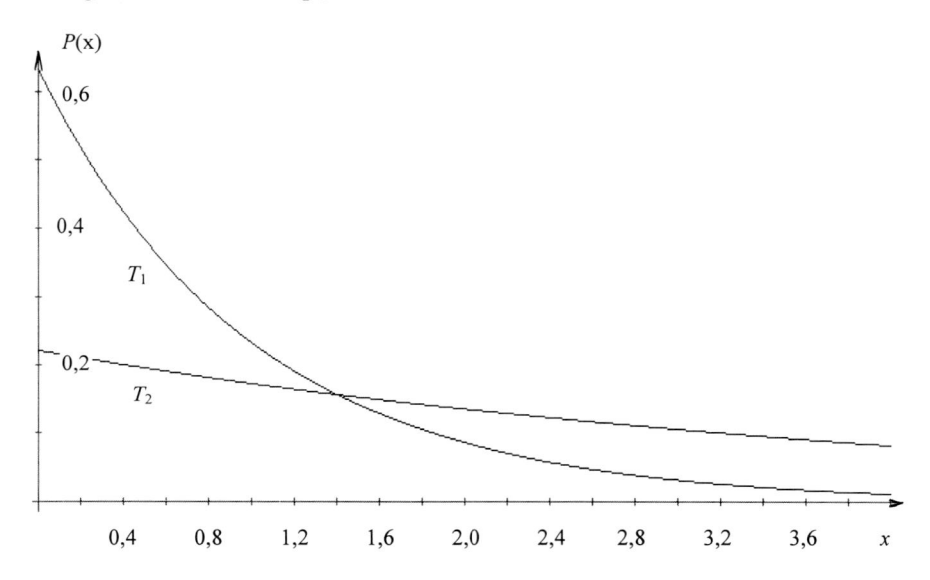

Abbildung 5.7. *Boltzmann*-Verteilung für zwei Temperaturen $T_1 = \varepsilon / k$ und $T_2 = 4\varepsilon / k$ (vgl. die Gleichung (42))

Wenn man alle Gleichungen (40) addiert, so ergibt sich

$n_0 + n_1 + n_2 + ... = N = n_0 \cdot \sum_{i=0}^{\infty} e^{-\frac{w_i}{k \cdot T}}$. Das Verhältnis $Z = N / n_0 = \sum_{i=0}^{\infty} e^{-\frac{w_i}{k \cdot T}}$ gibt

das Verhältnis der vorhandenen Teilchen zur Anzahl n_0 der Teilchen mit der Energie 0J. Wir können damit die Wahrscheinlichkeit P ausdrücken, ein Teilchen mit der Energie w_i im Gas zu registrieren:

$$P(w_i) = \frac{n_i}{N} = \frac{e^{-\frac{w_i}{k \cdot T}}}{Z}. \tag{42}$$

Als Beispiel sind in Abb. 5.7 für $w_i = i \cdot \varepsilon$ die Wahrscheinlichkeiten P für zwei Temperaturen $T_1 = \varepsilon / k$ und $T_2 = 4\varepsilon / k$ gezeichnet. Die Funktionsterme lauten

$$P_{T_1}(x) = e^{-x} \cdot \left(1 - e^{-1}\right) \approx 0{,}632 \cdot e^{-x} \quad \text{bzw.} \quad P_{T_2} = e^{-\frac{x}{4}} \cdot (1 - e^{-\frac{1}{4}}) \approx 0{,}221 \cdot e^{-\frac{x}{4}}.$$

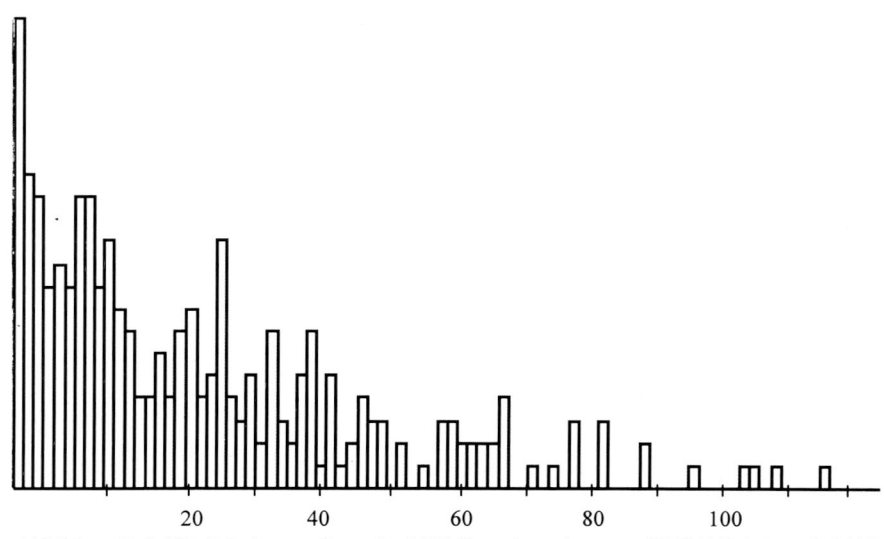

Abbildung 5. 8. Häufigkeitsverteilung der 5520 Energieportionen auf 276 Teilchen nach 2000 Durchgängen bei der Computersimulation gemäß Abb. 5.5. Nach rechts ist die Zahl der Energieportionen aufgetragen, die ein Teilchen trägt, nach oben die absolute Häufigkeit.

Wir wollen nun eine Beziehung suchen zwischen der Zahl $Z = N / n_0$ und der in 3.2 eingeführten Einteilchen-Zustandssumme $Z_1 = g_0 / N = V / V_0 \cdot (1 / N)$: Dabei bedeutet das Verhältnis $1 / Z = n_0 / N$ den Anteil der Teilchen im „Grundzustand", d.h. mit der durch die Unschärferelation erlaubten Minimalenergie an der Gesamtzahl N. Das Verhältnis $1 / Z_1 = N \cdot V_0 / V = V_0 / v$ mißt den Bruchteil des Volumens, das ein Teilchen im Grundzustand nach Gleichung (20) am Durchschnittsvolumen pro Teilchen, $v = V / N$, beansprucht. Diese Verhältnisse sind aber gerade gleich: Sind z.B. alle Teilchen im Grundzustand, so ist $n_0 = N$ und $V_0 = v$. Verdoppelt sich z.B. der Anteil der Teilchen im Grundzustand, so verdoppelt sich auch der Anteil von V_0 am verfügbaren Volumen v pro Teilchen. Wir erkennen damit Z als die auf v bezogene Einteilchen-Zustandssumme Z_1. Für die Freie Entropie in (21) und (22) können wir damit schreiben

$$S_F = k \cdot \ln Z_N = k \cdot N \cdot (\ln Z + 1) \quad \text{mit} \quad Z = \sum_{i=0}^{\infty} e^{-\frac{w_i}{k \cdot T}}. \tag{43}$$

5.4 Eine weitere Herleitung der *Boltzmann*-Verteilung

Wir kommen nochmals auf das Problem zurück, wie wir 7 DM auf 4 Personen verteilen können. In 5.3 haben wir die Anzahl m aller Verteilungsmöglichkeiten und damit Mikrozuständen durch Abzählen zu $m = 120$ bestimmt. Wir suchen nun eine Formel für m.

Hierzu bedienen wir uns eines Tricks: Ähnlich wie in [22] ordnen wir die Markstücke M in einer Reihe an und fügen Trennstriche ein, um abzugrenzen, wie viele Portionen jeweils auf einer Person vereinigt sein sollen. Erhält die erste Person z.B. eine Mark, die zweite zwei, die dritte drei und die vierte eine, so schreiben wir

$$M \mid M\,M \mid M\,M\,M \mid M.$$

Erhält die erste Person zwei Mark, die zweite keine Mark, die dritte fünf und die vierte auch keine Mark, so notieren wir

$$M\,M \mid \mid M\,M\,M\,M\,M \mid.$$

Wir verallgemeinern unsere Frage nun auf die Anzahl der Verteilungsmöglichkeiten von z Markstücken auf N Personen. Offensichtlich genügen $N-1$ Trennstriche, um N Plätze zu definieren. Wir können nun Teilstriche und M-Symbole zusammen als Menge ansehen und die Teilstriche als besonders markierte Teilmenge dieser Menge. Die Berechnung von m ist damit zurückgeführt auf die Frage, auf wie viele Arten sich $N-1$ Elemente einer Teilmenge in einer Menge von $z+N-1$ Elementen auswählen lassen. Wie im Lottobeispiel in 2.3 ist m gegeben durch die Binomialkoeffizienten

$$m = \binom{z+N-1}{N-1} = \frac{(z+N-1)!}{z! \cdot (N-1)!} \qquad (44)$$

Zum Beispiel ist für $z = 7$ und $N = 4$ die Anzahl $m = 10!/(7! \cdot 3!) = 120$.

Wir fragen nun nach der Anzahl m_1 der Mikrozustände, bei denen eine Person, z.B. die Person Nr. 1 mindestens eine Mark erhält. Wir finden m_1, indem wir diese fest vergebene Mark in unserer Anordnung einfach weglassen; in den Beispielen oben schreiben wir also

$$\mid M\,M \mid M\,M\,M \mid M \qquad \text{bzw.}$$
$$M \mid \mid M\,M\,M\,M\,M \mid.$$

In (44) ist also z durch $z-1$ zu ersetzen. Für die Anzahl der möglichen Verteilungen m_k, wenn eine Person mindestens k Mark erhält, ergibt sich

$$m_k = \binom{z-k+N-1}{N-1} = \frac{(z-k+N-1)!}{(z-k)! \cdot (N-1)!}.$$

Die Wahrscheinlichkeit einer derartigen Verteilung ist also

$$P_k = \frac{m_k}{m} = \frac{(z-k+N-1)! \cdot (N-1)! \cdot z!}{(z-k)! \cdot (N-1)! \cdot (z+N-1)!}$$

$$= \frac{(z-k+N-1) \cdot z!}{(z-k)! \cdot (z+N-1)!}$$

$$= \frac{(z-k+N-1) \cdot (z-k+N-2) \cdot \ldots \cdot (z-k+1)}{(z+N-1) \cdot (z+N-2) \cdot \ldots \cdot (z+1)}$$

$$= \left(1 - \frac{k}{z+N-1}\right) \cdot \left(1 - \frac{k}{z+N-2}\right) \cdot \ldots \cdot \left(1 - \frac{k}{z+1}\right).$$

Wir gehen jetzt wieder über zum idealen Gas und ersetzen dabei die Markstücke durch Energieportionen ε, die Anzahl der Personen durch die Anzahl N der Moleküle sowie die gesamte Geldsumme $z \cdot 1$ Mark durch die innere Energie $U = z \cdot \varepsilon$; die Energie w_k eines Moleküls ist also $k \cdot \varepsilon$. Damit ist

$$\frac{k}{z} = \frac{k \cdot \varepsilon}{z \cdot \varepsilon} = \frac{w_k}{U},$$

und für die Wahrscheinlichkeit P, daß eine Molekül des Gases eine Energie $w \geq w_k$ besitzt, gilt

$$P(w \geq w_k) = \left(1 - \frac{w_k}{U} \cdot \frac{z}{z+N-1}\right) \cdot \left(1 - \frac{w_k}{U} \cdot \frac{z}{z+N-2}\right) \cdot \ldots \cdot \left(1 - \frac{w_k}{U} \cdot \frac{z}{z+1}\right).$$

Bei der Kleinheit der Energiequanten ε ist nun $z \gg N$, so daß wir in guter Näherung $z/(z+1) \approx z/(z+2) \approx \ldots \approx z/(z+N-1) \approx 1$ setzen. Ferner setzen wir die Anzahl der Faktoren, $N-2 \approx N$, da die Molekülzahl N im Gas selbst auch groß ist. Wir erhalten dann

$$P(w \geq w_k) = \left(1 - \frac{w_k}{U}\right)^N.$$

Die durchschnittliche Energie $\overline{w}$ eines Moleküls ist gegeben durch $\overline{w} = U/N$; damit ergibt sich

$$P(w \geq w_k) = \left(1 - \frac{w_k}{\overline{w}} \cdot \frac{1}{N}\right)^N.$$

Für sehr große N strebt dieser Term nun gemäß der Formel $\lim_{n \to \infty}\left(1 - \frac{x}{n}\right)^n = e^{-x}$

gegen

$$P(w \geq w_k) = e^{-\frac{w_k}{\overline{w}}}.$$

Die Wahrscheinlichkeit, ein Teilchen im Energiebereich zwischen w_k und w_{k+1} anzutreffen, ist nun proportional zu

$$P(w \geq w_{k+1}) - P(w \geq w_k) = e^{-\frac{(k+1)\varepsilon}{\overline{w}}} - e^{-\frac{k\varepsilon}{\overline{w}}} \approx e^{-\frac{w_k}{\overline{w}}}.$$

Den Normierungsfaktor kann man erhalten, indem man die geometrische Reihe

$$Z = \sum_{k=0}^{\infty} e^{-\frac{k \cdot \varepsilon}{\overline{w}}} = 1 + e^{-\frac{\varepsilon}{\overline{w}}} + e^{-\frac{2\varepsilon}{\overline{w}}} + \ldots = \frac{1}{1 - e^{-\frac{\varepsilon}{\overline{w}}}} \approx \frac{1}{1 - \left(1 - \frac{\varepsilon}{\overline{w}}\right)} = \frac{\overline{w}}{\varepsilon}$$

aufsummiert. Setzt man die Energieportionen ε wieder fest als die durch die Unschärferelation bedingten, so wird $\frac{\varepsilon}{\overline{w}} = \frac{n_0}{N} = \frac{1}{Z}$, und Gl. (42) ist bestätigt.

5.5 Entropie des idealen Gases

Mit der *Boltzmann*-Verteilung für die Wahrscheinlichkeiten $P(w_i) = p_i$ für die Teilchenenergien w_i nach (42) sind wir nun in der Lage, die Entropie s des idealen Gases nach Formel (33) zu berechnen:

$$s = -k \cdot \sum_{i=0}^{\infty} p_i \cdot \ln p_i$$

$$= \sum_{i=0}^{\infty} p_i \cdot \frac{w_i}{T} + k \cdot \sum_{i=0}^{\infty} p_i \cdot \ln Z_1$$

$$= \frac{1}{T} \sum_{i=0}^{\infty} p_i \cdot w_i + k \cdot \ln Z_1$$

$$= \frac{u}{T} + k \cdot \ln Z_1.$$

Dabei haben wir den konstanten Faktor $1/T$ vor die Summe gesetzt und beachtet, daß $\sum p_i = 1$ ist. Die Summe $u = \sum_{i=0}^{\infty} p_i w_i$ ist gerade der Mittelwert der Teilchenenergien.

Beim Übergang von einem Teilchen zu N Teilchen wird s ersetzt durch S, u wird ersetzt durch die innere Energie $U = N \cdot u$ und die Einteilchen-Zustandssumme Z_1 durch Z_N. In der *Stirling*schen Näherung (17) ist dann $\ln Z_1$

zu ersetzen durch $\ln Z_N = N \cdot \ln Z_1 + N$ (vgl. die Gleichungen (21) und (22)). So ergibt sich

$$S = \frac{U}{T} + k \cdot \ln Z_N$$

$$= \frac{U}{T} + k \cdot N \cdot \ln Z_1 + k \cdot N . \qquad (46)$$

Wir können damit den Zusammenhang herstellen zu den bereits benutzten Entropiearten des idealen Gases von Abschnitt 3, nämlich der

- Freien Entropie $S_F = k \cdot \ln Z_N$ nach (21), die die „Ortsfreiheit" der Gasteilchen beschreibt,
- der Chemischen Entropie oder Konzentrationsentropie $S_K \stackrel{.}{=} N \cdot k \cdot \ln Z_1$ nach (25) und
- der Wärmeentropie $S_Q = U / T$ nach (29), die mit der Vielfalt möglicher Energiewerte verknüpft ist:

$$S = S_Q + S_F = S_Q + S_K + k \cdot N \qquad (47)$$

Wir benutzen schließlich die Gleichung (4) für das ideale Gas: $U = 3/2 \cdot N \cdot k \cdot T$ und erhalten aus (46) die Formel

$$S = N \cdot k \cdot \left(\frac{5}{2} + \ln Z_1 \right) \qquad (48)$$

Dieses Ergebnis ist als die **Sackur-Tetrode-Gleichung** bekannt.

Wenn man in $Z_1 = V / (N \cdot V_0)$ das Volumen V_0 nach (20) einsetzt, mit der Gasgleichung (1) V durch den Druck p und die Temperatur T ersetzt und ein mol zugrunde legt, kann man (48) in eine „benutzerfreundliche", aber weniger kompakte Form bringen:

$$S = 8{,}31 \, \text{JK}^{-1} \cdot \left(\frac{5}{2} \ln T - \ln p + \frac{3}{2} \ln m \right) - 9{,}55 \, \text{JK}^{-1} \qquad (49)$$

Dabei wird T in K, p in bar und m in der Masseneinheit u gemessen.

Für ein mol ^{4}He bei $p = 1013$ mbar und $T = 273$ K ergibt sich z.B. $S = 124{,}2 \, \text{JK}^{-1}$. Diese theoretisch erhaltenen Werte können nun verglichen werden mit kalorisch nach Abschnitt 3.6 gemessenen. Dabei hat sich eine gute Übereinstimmung ergeben. Genauere Betrachtungen hierzu findet man z.B. in [11] und [22].

6. Entropie läßt sich umladen

6.1 Totale und partielle Änderungen der Entropie

Im letzten Abschnitt haben wir herausgefunden, daß die Entropie S des idealen Gases sich als Summe verschiedener Entropieanteile schreiben läßt (vgl. die Gleichungen (46) bis (49)). Mit Hilfe der Gasgleichung (1) ersetzen wir jetzt in (46) $N \cdot k$ durch $p \cdot V / T$ und schreiben S nach (46) nochmals auf:

$$S = \frac{U}{T} + k \cdot N \cdot \ln Z_1 + \frac{p \cdot V}{T}.$$

Wir können nun mit Hilfe der Differentialrechnung auch die Änderung ΔS von S untersuchen, wobei wir einige der Variablen als konstant ansehen können. Halten wir z.B. - wie es für Anwendungen in der Chemie nützlich ist - den Druck p, die Zustandssumme Z_1 (d.h., die Konzentration N/V, vgl. die Gleichung (25)) und die Temperatur T fest, so wird die Änderung von $S = S(U,N,V)$

$$\Delta S = \frac{1}{T} \cdot \Delta U + k \cdot \ln Z_1 \cdot \Delta N + \frac{p}{T} \cdot \Delta V. \qquad (50)$$

Andererseits ergibt allgemein die Formel für das totale Differential dS von S die Gleichung

$$dS = \left(\frac{\partial S}{\partial U}\right)_{V,N} dU + \left(\frac{\partial S}{\partial N}\right)_{U,V} dN + \left(\frac{\partial S}{\partial V}\right)_{U,N} dV. \qquad (51)$$

Die in den Klammern stehenden Terme heißen **partielle** Ableitungen, wobei jeweils die als Indizes angefügten Variablen beim Ableiten als konstant anzusehen sind. Ein totales Differential haben wir bereits in 4.5 benutzt, als wir die Änderung dS_M der Mischungsentropie berechneten. Durch Vergleich von (50) mit (51) ergeben sich die folgenden **thermodynamischen Relationen**:

$$\frac{\partial S}{\partial U} = \frac{1}{T}; \qquad \frac{\partial S}{\partial N} = k \cdot \ln Z_1; \qquad \frac{\partial S}{\partial V} = \frac{p}{T} \qquad (52)$$

Der Kehrwert der Temperatur T, die Einteilchen-Zustandssumme Z_1 sowie der Quotient p/T erscheinen damit als Ableitungen der Entropie S.

Es ist nun üblich, auch den zweiten Summanden in (51) mit dem Nenner T auszustatten und die Größe $-k \cdot \ln Z_1 \cdot T$ **chemisches Potential** μ zu nennen:

$$\mu = -k \cdot T \cdot \ln Z_1. \qquad (53)$$

Man kann dann (51) mit T durchmultiplizieren und erhält die Beziehung

$$T \cdot \Delta S = \Delta U - \mu \cdot \Delta N + p \cdot \Delta V . \tag{54}$$

Man nennt sie die **thermodynamische Identität** des idealen Gases.

An dieser Stelle sei nochmals – wie bereits in 4.1 – auf den Unterschied zwischen Energiegleichungen und Entropiegleichungen hingewiesen: Während Entropieänderungen mit reversiblen **und** irreversiblen Vorgänge verknüpft sein können, beinhalten Energiegleichungen nie einen Zeitpfeil und können daher nur reversible Abläufe bilanzieren. Die Summanden in (54) besitzen zwar die Dimension einer Energie, aber (54) ist dennoch keine Energiegleichung, sondern eine Entropiegleichung.

Analog wie in 3.5 läßt sich der Anwendungsbereich von (54) auf reale Gase ausdehnen, wenn man in der Formel für das chemische Potential $\mu = -k \cdot \ln Z_1 \cdot T$ nicht die Einteilchen-Zustandssumme Z_1, sondern eine den zusätzlichen Freiheitsgraden der rotierenden und vibrierenden Moleküle entsprechende kompliziertere Zustandssumme Z einsetzt. Liegt ein Gemisch aus verschiedenen Gasen vor, so ist Z_1 durch die Summe der entsprechenden Einteilchen-Zustandssummen der einzelnen Teilchen zu ersetzen. Beim Übergang zu noch kompexeren Systemen wird es nun i.A. noch weitere, andersartige Freiheitsgrade geben, z.B. Freiheitsgrade der Gestalt von Molekülen oder der Konfigurationen und Spins von Elektronen. In der Gleichung (54) kann man das berücksichtigen, indem man weitere Summanden entsprechend den weiteren Entropiearten hinzufügt.

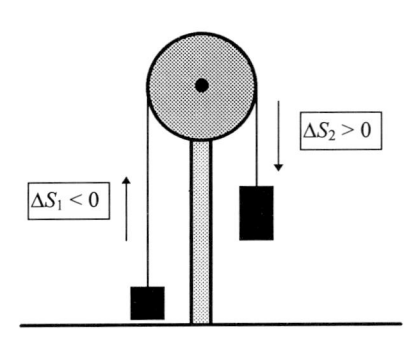

Abbildung 6.1. Veranschaulicht man das Anwachsen der Entropie durch das Absinken von Gewichten, so entspricht der Ablauf bei diesem Versuch einem Vorgang, bei dem die Gesamtentropie $\Delta S = \Delta S_1 + \Delta S_2$ anwächst, wobei ein Entropieteil ΔS_1 abnimmt.

Aus der Gleichung (54) ergibt sich nun eine wichtige Konsequenz:

Eine Zunahme der Entropie des betrachteten Systems kann auch dann erfolgen, wenn einzelne Summanden in (54) negativ sind.

Der Entropiesatz verlangt ja nur, daß die Gesamtentropie eines Systems nicht abnimmt. Es ist somit durchaus möglich, daß ein Vorgang von selbst abläuft, obwohl der eine oder andere Entropieanteil kleiner wird. Wir werden das im folgenden noch genauer untersuchen.

6.2 Reversible Vorgänge als Entropie - Umladungen

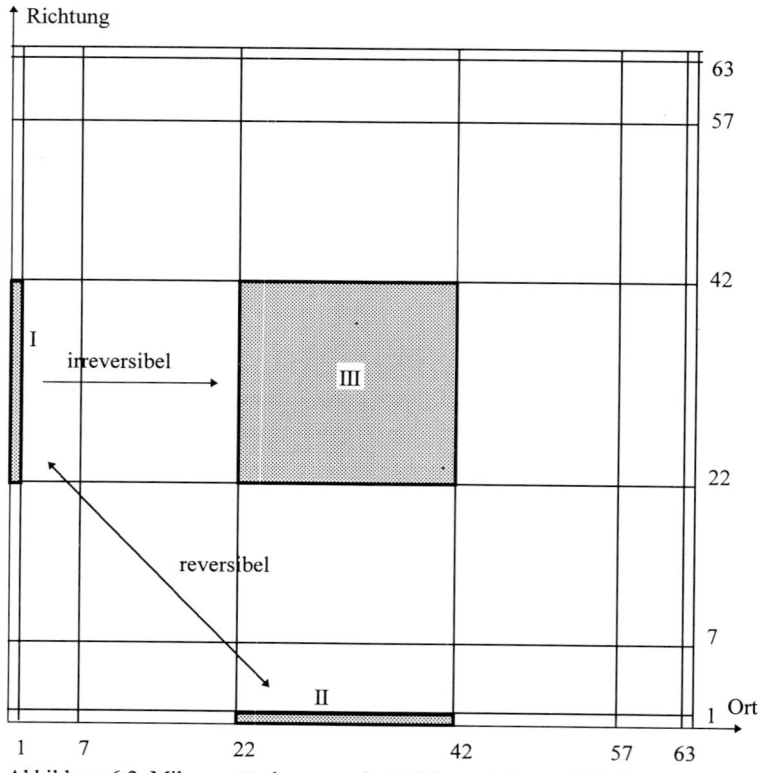

Abbildung 6.2. Mikrozustände von sechs Teilchen mit je zwei Merkmalen Ort (rechte Hälfte, linke Hälfte) und Bewegungsrichtung (nach rechts bewegt, nach links bewegt)

94

Wir wollen zunächst ein einfaches Modell untersuchen: Analog zur Abb. 4.2 betrachten wir sechs Teilchen, die in einem Volumen V eingeschlossen sind; wir interessieren uns wiederum nur dafür, ob sie sich in der rechten oder linken Hälfte des Raums aufhalten, so daß es insgesamt 64 Mikrozustände des Ortes gibt, die in einer Abzählung wie in 5.2 durchnumeriert sind.

Als zweites Merkmal untersuchen wir nun aber auch noch wie in Abb. 3.6 die Bewegungsrichtung; dabei wollen wir nur unterscheiden zwischen den Richtungen rechts bzw. links, so daß es auch hier 64 Mikrozustände gibt. Wir können nun in der Ebene die Mikrozustände des Ortes auf einer Rechtsachse und die der Richtung auf einer Hochachse auftragen und so jedem der 64^2 kombinierten Mikrozustände ein kleines Quadrat zuordnen. Das kleine Quadrat links unten in Abb. 6.2 entspricht z.B. einem Zustand des „Gases", bei dem sich alle sechs Teilchen in der linken Hälfte befinden und sich geschlossen nach links bewegen. Im Gebiet III sind die Teilchen dagegen über das ganze Volumen verteilt und bewegen sich je zur Hälfte nach links und rechts. Die Flächen beider Quadrate verhalten sich wie 1:400. Der Übergang in den Zustand III entspricht der Diffusion und der Umwandlung von Bewegungs- in Innere Energie.

Die Gebiete I und II besitzen gleiche Flächen und entsprechen Zuständen des Gases mit wohlgeordneter Bewegungsrichtung bzw. Ortsverteilung. Fliegt ein räumlich gleich verteilter Teilchenschwarm zwischen zwei elastisch reflektierenden Wänden immer hin und her, so wechseln sich diese beiden Zustände dauernd ab:

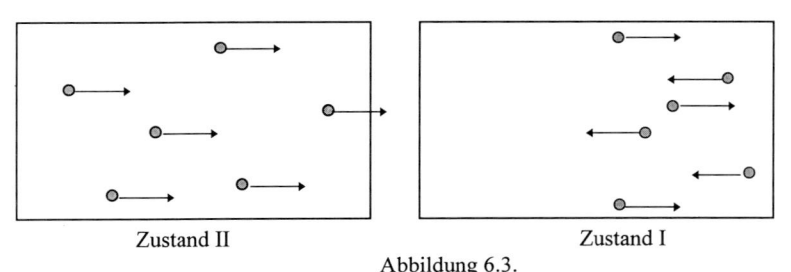

Zustand II   Zustand I
Abbildung 6.3.
Reversibler Wechsel zwischen den Zuständen I und II der sechs Gasteilchen in Abb. 6.2

In der statistischen Mechanik der Gleichgewichtszustände verzichtet man nun – wie in 5.1 ausgeführt – darauf, die Abfolge der Zustände nachzuvollziehen und spielt statt dessen ein „Urnenspiel", wählt also zufällig nacheinander einzelne der $64^2 = 4096$ Mikrozustände aus. Falls die beiden betrachteten Merkmale unabhängig sind, ein Ereignis 1 von Merkmal 1 die Wahrscheinlichkeit p_1 und ein Ereignis 2 von Merkmal 2 p_2 besitzt, ist die Wahrscheinlichkeit, daß beide Ereignisse eintreten $p_1 \cdot p_2$. Diese Produktwahrscheinlichkeiten sind in Abb. 6.2 proportional zu den Teilflächen. Besitzen nun also die Einzelereignisse die Informationsinhalte $h_1 = -\log_2 p_1$ bzw. $h_2 = -\log_2 p_2$, so wird der gesamte

Informationsgehalt h eines Makrozustands, dargestellt durch ein Feld in Abb. 6.2,

$$h = \log_2 p_1 \cdot p_2 = h_1 + h_2.$$

Reversible Zustandsänderungen sind nun nach dem Entropiesatz in 4.7 solche, bei denen die Entropie h nicht zunimmt; es finden dabei also „**Umladungen**" zwischen h_1 und h_2 statt. In unserem Beispiel pendelt die Entropie beim Übergang des Systems vom Zustand I zu II und zurück immer zwischen Elementarformen der Volumenentropie und der Bewegungsentropie hin und her. Wir haben bereits in 4.1 besprochen, daß reversible Zustandsänderungen Idealisierungen darstellen und in der Natur praktisch nie vorkommen.

6.3 Reversible Expansion und Kompression des idealen Gases

In Abschnitt 4.3 haben wir bereits die **irreversible** Expansion des idealen Gases ins Vakuum untersucht und die Zunahme der Volumenentropie S_V berechnet. Wir betrachten nun noch die **reversiblen** isothermen und adiabatischen Volumenänderungen. In beiden Fällen spielen sich **Umladungen zwischen Wärmeentropie S_Q und Volumenentropie S_V** ab; bei den adiabatischen Zustandsänderungen muß das Gas die Wärmeentropie selbst liefern bzw. aufnehmen, bei den isothermen wird sie mit der Umgebung ausgetauscht.

Zur Veranschaulichung der Vorgänge untersuchen wir wieder sechs Teilchen, die sich wie in Abb. 6.2 in der linken oder rechten Hälfte eines Raumes aufhalten können und Energieportionen ε aufnehmen können. Die Anzahl m der Mikrozustände bei der Verteilung von z Energieportionen auf sechs Teilchen können wir wie in Abschnitt 5.4 bestimmen und erhalten nach Gleichung (44)

$$m = \frac{(z+5)!}{z! \cdot 5!}$$

z	1	2	3	4
m	6	21	56	126

Wir tragen nun die Mikrozustände des Ortes, durchnumeriert wie in Abb. 6.2, auf der Rechtsachse und die der Energie auf der Hochachse auf. Das Feld II mit dem Inhalt $1 \cdot 56 = 56$ Mikrozuständen entspricht nun einem „warmen" Gas im halben Volumen, das Feld I mit $20 \cdot 6 = 120$ Mikrozuständen einem „kälteren" im ganzen Volumen. Man erkennt, daß ein Übergang vom Feld I zum Feld II durch den Entropiesatz verboten ist, da sich die Anzahl der erreichbaren Mikrozustände reduzieren würde. Um also das Volumen des Gases zu halbieren, muß man mindestens $z = 4$ Energieportionen aufbringen.

Während der Übergang II nach III vollständig irreversibel ist und isotherm abläuft, gibt das Gas bei der Expansion von II nach I einen Teil seiner inneren Energie ab, eventuell in Form von mechanischer Arbeit, die wiederum zu einer Kompression eingesetzt werden könnte.

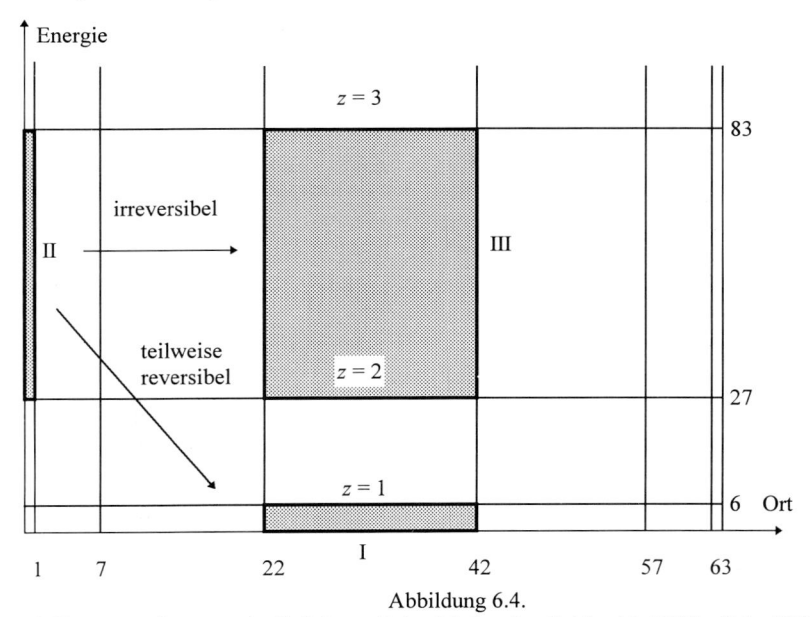

Abbildung 6.4.
Mikrozustände von sechs Teilchen mit den Merkmalen Ort (rechte Hälfte, linke Hälfte) und Energieinhalt (Anzahl z der Energieportionen ε).

Bei einem idealen Gas kann man bei unveränderter Teilchenzahl N die Änderung der Gesamtentropie ΔS bei einem Vorgang nach (54) und (9), s. S. 26 berechnen; ist der Ablauf reversibel, so wird $\Delta S = 0$ JK^{-1} und es gilt

$$\Delta S_Q = \frac{\Delta Q_{rev}}{T} = -\Delta S_V = N \cdot k \cdot \ln\frac{V_2}{V_1}$$

Um das Volumen von 1 Mol eines idealen Gases bei Zimmertemperatur **isotherm** zu verdoppeln, muß man danach $\Delta Q_{rev} = 293 \cdot 8{,}31 \cdot \ln 2$ J $= 1{,}69$ kJ zuführen. Wird diese Wärme nicht zugeführt, so kann die Expansion **adiabatisch** erfolgen, wobei sich das Gas gemäß $\Delta Q_{rev} = C_p \cdot \Delta T$ (vgl. (10)) um $\Delta T = 81$ K abkühlt. Wir erkennen, daß die Gleichung (54) bei **reversiblen** Zustandsänderungen ($\Delta S = 0$ JK^{-1}) zur Energiebilanzgleichung wie in Abschnitt 1.11 „degeneriert"; es ist aber notwendig, diese Einschränkung kenntlich zu machen, indem man ΔQ mit dem Index *rev* für reversibel versieht.

6.4 Anwendungsbeispiele zum Wechselspiel von Volumen- und Wärmeentropie

Wir untersuchen als erstes Anwendungsbeispiel das **Verdunsten und Kondensieren** von Wasser in einem Raum: Wieviel Wasser wird z.B. aus einem Aquarium verdunsten, wenn man es in einem abgeschlossenen Raum offen stehen läßt? Aus der Erfahrung ist bekannt, daß die Verdunstung mit der Temperatur T und dem verfügbaren Volumen V über der Wasseroberfläche ansteigt. Im Gleichgewichtszustand zwischen Verdunsten und Kondensieren wächst die Gesamtentropie $S = S_V + S_Q$ nicht an, und die Änderung der Wärmeentropie pro Mol beim Wasser, $\Delta S_Q = Q / T$ ist gleich der Änderung der Volumenentropie pro Mol, $\Delta S_V = R \cdot \ln(V_2 / V_1)$ beim Wasserdampf. Vermag sich z.B. 1 cm^3 Wasser durch Verdunstung auf 10 m^3 auszubreiten, so wächst die Volumenentropie pro mol um $\Delta S_V = 8{,}31 \cdot \ln 10^7$ JK^{-1} = 134 JK^{-1}. Um andererseits ein Mol Wasser (18 g) bei konstanter Temperatur zu verdunsten, ist die Energie Q = 40,6 kJ erforderlich. Eine gleich große Abnahme der Wärmeentropie liegt also dann vor, wenn $T = Q / \Delta S_V \approx 303$ K ist. Würde nun durch weiteres Verdunsten und Wärmeentzug die Temperatur des Wassers unter 303 K sinken, so würde Q / T anwachsen und der Wasserdampf würde stärker kondensieren.

Ein gegeneinander Wirken ähnlicher Art zwischen Wärme- und Volumenentropieänderungen stellt sich auch bei vielen chemischen Reaktionen ein. Ein Beispiel ist der **Vorgang des Rostens**: In 3.1 haben wir abgeschätzt, daß bei der Bindung von 1 mol Sauerstoff O_2 an Fe_2O_3 bei der Reaktion

$$2\,Fe_2O_3 \Leftrightarrow 4\,Fe + 3\,O_2$$

die Volumenentropie um $\Delta S_V \approx -85$ JK^{-1} abnimmt. Der Verdampfungswärme beim Kondensieren von Wasser entspricht hier die Wärmetönung der chemischen Reaktion mit Q = 831 kJ pro mol. Da sie wesentlich größer ist als die Verdampfungswärme, stellt sich ein fließendes Gleichgewicht zwischen Oxydation und Reduktion nur bei sehr hohen Temperaturen ein.

Ein Beispiel aus der Chemie des „Häuslebaus" ist das Verfahren des **Kalkbrennens** nach der Reaktion

$$CaCO_3 \Leftrightarrow CaO + CO_2 \, .$$

Analog zur Verdunstungswärme muß auch hier eine Energie Q aufgebracht werden, um das Gas CO_2 freizusetzen: die Reaktion ist endotherm, und die Wärmeentropie nimmt bei der Reaktion ab. Gleichzeitig wächst aber die Volumenentropie der gasförmigen Komponente; das fließende Gleichgewicht zwischen Bildung und Zerfall von Kalk stellt sich bei etwa $T = Q / \Delta S_V \approx 1000$ °C ein. Da nach der anschließenden Abkühlung alle Reaktionsgeschwindigkeiten langsamer sind und das entstandene CO_2 längst in die Luft entwichen ist, wo seine Konzentration nur 0,03% beträgt, bleibt der gebrannte Kalk, CaO, über lange Zeiträume an der Luft unverändert. Mit Wasser und Sand angerührt ergibt er Kalkmörtel, $Ca(OH)_2$, der an der Luft langsam austrocknet, also unter CO_2-Aufnahme wieder den ursprünglichen Gleichgewichtszustand $CaCO_3 + H_2O$ erreicht. Das dauert allerdings Jahre und ist (bei reinem Kalkmörtel ohne Zement) mit Wasserabgabe, also einem „Schwitzen" der Mauern, verbunden.

6.5 Kühlen durch adiabatisches Entmagnetisieren

Das Verdunsten stellt bei den warmblütigen Lebewesen eine effektive Möglichkeit zur Herabsetzung der Wärmeentropie im Körper dar. Durch das Anwachsen der Volumenentropie beim Verdunsten des Schweißes wird die Wärmeentropie sozusagen aus dem Körper gezogen (vgl. Abb. 6.1). Dabei kann die Temperatur der Umgebung durchaus höher sein als die Körpers. In der Tieftemperaturtechnik sorgt man durch Abpumpen der verdunsteten oder verdampften Arbeitssubstanzen (des „Schweißes") dafür, daß sich kein Entropiegleichgewicht einstellen kann. Durch eine Folge von Verdampfungskühlungen, zuletzt mit flüssigem Helium, erreicht man Temperaturen unter 0,3 K. Die niedrigste auf diese Art erreichbare Temperatur ist ein Problem der Vakuumtechnologie. Bei der Jagd nach dem absoluten Nullpunkt muß man unterhalb von etwa 0,1 K auf den Kühlprozeß des adiabatischen Entmagnetisierens zurückgreifen.

Dabei liegt nun ein Wechselspiel zwischen Wärme- und Spinentropie vor. Wir betrachten als einfaches Modell wieder sechs Modellteilchen, die Energieportionen ε tragen können. Die Teilchen sollen nun Elementarmagnete darstellen, die sich in einem äußeren Magnetfeld entweder parallel oder antiparallel ausrichten können (vgl. Abb. 3.4). Die Alternativfrage „rechte Hälfte – linke Hälfte" ist nun zu ersetzen durch „Ausrichtung nach oben – nach unten", so daß es wieder 64 Mikrozustände der Magnetisierung gibt. Wir können die Abb. 6.4 praktisch unverändert benutzen, wenn wir auf der Rechtsachse „Ort" durch „Magnetisierung" ersetzen. Der irreversible Übergang II → III entspricht einer Entmagnetisierung bei konstanter Energie ohne Magnetfeld. Legt man nun ein Magnetfeld an, so werden sich die meisten Teilchen parallel dazu ausrichten, so daß die Spinentropie vom Magnetfeld übernommen wird: das Magnetfeld ermöglicht den Übergang III → II. Schaltet man nun das Magnetfeld ab, so wird das Gas beim Entmagnetisieren (Übergang II → I) Wärme „ausschwitzen" und sich weiter abkühlen.

6.6 Wechselspiel zwischen Wärme- und Mischungsentropie

Wir haben bei den Beispielen in 6.4 eigentlich einen Fehler gemacht: beim Rosten und beim Kalkbrennen haben wir nicht beachtet, daß sich nicht nur das Volumen, sondern auch die Teilchenvielfalt ändert. Bevor wir uns in Abschnitt 7 auf ein „Spiel mit drei Bällen" einlassen, wollen hier nun noch den umgekehrten Fehler ausprobieren und ohne Beachtung der Volumenentropie die Änderungen der Wärmeentropie ΔS_Q gegen die der Mischungsentropie ΔS_M ausspielen, d. h., das Maximum der Entropiesumme $S = S_Q + S_M$ untersuchen.

Die Änderung der Mischungsentropie, ΔS_M ist nach (35), siehe Abschnitt 4.5, gegeben durch $\Delta S_M = k \cdot \ln K \cdot \Delta N$. Dabei ist K die Konstante des Massenwirkungsgesetzes. Bei der Knallgasreaktion war z.B. $K = c_3^2 / (c_1^2 \cdot c_2)$.

In Abschnitt 6.1, Gleichung (53) haben wir das chemische Potential $\mu = -k \cdot T \cdot \ln Z_1 = -k \cdot T \cdot \ln(c_0 / c)$ eingeführt. Dabei war nach (25) c_0 eine durch die Unschärferelation vorgegebene konstante „Normkonzentration". Wir können auch bei einem System mit mehreren Bestandteilen ein resultierendes chemisches Potential

$$\mu = -k \cdot T \cdot \ln K \qquad (55)$$

definieren, das sich aus den einzelnen chemischen Potentialen als die mit den stöchiometrischen Vorzahlen gewichtete Summe der Einzelpotentiale ergibt. Bei der Knallgasreaktion gilt z.B.

$$\mu = 2 \cdot \mu_3 - 2 \cdot \mu_1 - \mu_2.$$

Im Gleichgewichtszustand gilt nun wieder $\Delta S = 0$ JK^{-1}, und ohne Berücksichtigung anderer Entropieanteile, z.B. von ΔS_V, hat man

$$\Delta U = -k \cdot T \cdot \ln K \cdot \Delta N = \mu \cdot \Delta N.$$

Wir betrachten als Beispiel wieder die Knallgasreaktion. Läßt man ein Mol Wasserdampf entstehen ($\Delta N = N_A$), so verkleinert sich die innere Energie des Systems um $\Delta U \approx -242$ kJ. Bei $T = 2000$ K wird dann $K = 10^6$, bei $T = 200$ K dagegen $K = 10^{63}$. Die Synthese von Wasser erfolgt also bei höheren Temperaturen weniger vollständig als bei tieferen; die Wärmeentropieänderung $\Delta S_Q = \Delta U / T$ sitzt dann nämlich wegen des größeren Nenners bei der Balance „am kürzeren Hebel" im Vergleich zur Mischungsentropie.

6.7 Extensive und intensive Größen

Wir betrachten nochmals die Gleichung (50) der Entropie $S = S(U,N,V)$:

$$S = \frac{1}{T} \cdot U - \frac{\mu}{T} \cdot N + \frac{p}{T} \cdot V .$$

In der rechten Seite dieser Gleichung treten Summanden auf, die alle gleich aufgebaut sind: Sie sind Produkte von extensiven oder mengenartigen Größen Y_i ($i = 1,2,3$), U,N,V, mit intensiven Größen X_i. Wir verstehen unter **extensiven** Größen allgemein Größen, die sich beim Zusammenfügen von Teilsystemen addieren.

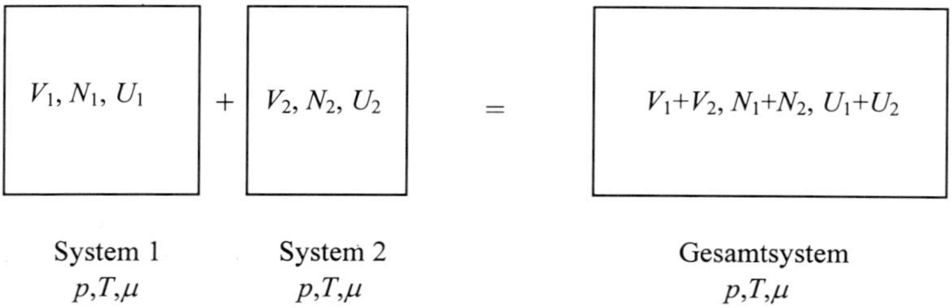

| V_1, N_1, U_1 | + | V_2, N_2, U_2 | = | $V_1+V_2, N_1+N_2, U_1+U_2$ |

System 1   System 2   Gesamtsystem
p,T,μ p,T,μ p,T,μ

Abbildung 6.5. Beim Zusammenfügen von System 1 und System 2 addieren sich die mengenartigen Größen, und die intensiven bleiben erhalten.

Die Größen p,T,μ bleiben beim Zusammenfügen dagegen unverändert. Man nennt sie **intensive** Größen X_i. Man kann nach *I. Prigogine* [23] die Entropie als Bilinearform schreiben:

$$S = \sum_{i=1}^{3} X_i \cdot Y_i .$$

Besitzt ein System noch weitere Freiheitsgrade, so entsprechen diesen weitere Summanden, die zur Entropie S beitragen. Fügt man nun zwei Systeme mit gleichen Werten der intensiven Größen p, T, μ zusammen, so ist der Vorgang rückgängig zu machen (reversibel), und für die Gesamtentropie gilt $S = S_1 + S_2$, d.h. die Entropie verhält sich mengenartig. Besitzen die Teilsysteme aber unterschiedliche Drucke, Temperaturen und Teilchenkonzentrationen, so addieren sich die extensiven Größen weiterhin, und bei den intensiven Größen stellen sich Mittelwerte ein. Für die Entropie erhält man nach Abschnitt 4 dann ein irreversibles, nicht mengenartiges zusätzliches Entropiewachstum ΔS_{irr}.

7. Freie Energie und Freie Enthalpie

7.1 Enthalpien und Standardentropien

In 1.12 haben wir die Energie berechnet, die man aufwenden muß, um ein Mol eines idealen Gases **bei konstantem Druck** um $\Delta T = T_2 - T_1$ zu erwärmen. Zusätzlich zur Erhöhung der inneren Energie um ΔU muß hier auch Energie für die Expansionsarbeit $p \cdot \Delta V$ des Gases aufgebracht werden; für die Molwärme C_p gilt daher $C_p = C_V + R = 5/2 \cdot R$. Man nennt allgemein die Energiesumme

$$H = U + p \cdot V \qquad (56)$$

Enthalpie. Das Wort Enthalpie bedeutet „Wärmefunktion", die Bezeichnung H bezieht sich ursprünglich auf den griechischen Buchstaben Eta. Falls Zustandsänderungen und Energieumsetzungen bei konstantem Druck p erfolgen, ist die Änderung von H, $\Delta H = \Delta U + p \cdot \Delta V$. Immer wenn Gase beteiligt sind, kann man den Anteil $p \cdot \Delta V$ an der Energiebilanz nicht vernachlässigen. Statt von Verdampfungswärme sollte man also von **Verdampfungsenthalpie**, statt von Reaktionswärme von **Reaktionsenthalpie** sprechen. Auch der **Heizwert** von Brennstoffen ist eine Enthalpie, da ein Teil der Energie zur Expansion der Verbrennungsgase aufgewendet werden muß.

Die Standardbildungsenthalpien ΔH_0 und Standardentropien S_0 bei Normalbedingungen $p_0 = 1013$ mbar und $T = 298$ K, bezogen auf 1 mol der Stoffe, findet man für die Elemente und viele Verbindungen in Tabellenwerken, z.B. in [16], [25]. In Tab. 7.1 sind einige Werte aufgeführt. Ein Minuszeichen bei den Werten ΔH_0 in Tab. 7.1 bedeutet, daß die Bildungsreaktion **exotherm** ist, also Wärme in die Umgebung abgegeben wird. In Abschnitt 3.6 wurde erläutert, wie man die Standardentropien S_0 kalorisch mißt.

Wir vergleichen die Werte für Wasser und Wasserdampf: Den beiden letzten Zeilen in Tab. 7.1 entnimmt man, daß sich die Enthalpien für Wasser und Wasserdampf um 285 kJ − 242 kJ = 43 kJ unterscheiden; davon entfallen 40,6 kJ auf die Verdampfungswärme und $\Delta W = 2{,}33$ kJ auf die Expansion um das Volumen $\Delta V = \Delta W / p = 23$ l. Wir versuchen, den Unterschied der Entropien zwischen Wasser und Wasserdampf bei 373 K zu errechnen mit Hilfe der Verdampfungswärme:

$$\Delta S = \frac{Q}{T} = \frac{4{,}06 \cdot 10^4}{373} \text{ JK}^{-1} = 108{,}8 \text{ JK}^{-1}.$$

Der Vergleich mit dem Wert der Tabelle von 118 JK^{-1} ergibt keine gute Übereinstimmung; offensichtlich vermehren sich beim Verdampfen noch weitere Freiheitsgrade, wie z.B. solche der Rotation der polaren Moleküle.

Element/Verbindung	Formel	ΔH_0 in kJ·mol^{-1}	S_0 in J·mol^{-1}·K^{-1}
Calcium	Ca, fest	0	41
Calciumhydroxid	Ca(OH)$_2$	−986	83
Calciumoxid	CaO, fest	−635	40
Chlor	Cl$_2$, gasförmig	0	223
Chlorion, Gas	Cl$^-$	−244	153
Chlorion, gelöst	Cl$^-$, aq	−167	57
Eisen	Fe, fest	0	27
Eisenoxid	Fe$_2$O$_3$, fest	−824	87
Kalium, fest	K	0	64
Kaliumion, Gas	K$^+$	514	154
Kaliumion, gelöst	K$^+$, aq	−251	103
Kaliumhydrogenkarbonat	KHCO$_3$	−959	194
Kohlenstoff	C, Graphit	0	6
Kohlenstoff	C, Diamant	0	2
Kohlendioxid	CO$_2$, gasförmig	−393	214
Kupfer, fest	Cu	0	33
Kupferion, gelöst	Cu^{2+}, aq	65	−100
Sauerstoff	O$_2$, gasförmig	0	205
Silber, fest	Ag	0	43
Silberion, gelöst	Ag$^+$, aq	106	73
Wasserstoff	H$_2$, gasförmig	0	131
Wasser	H$_2$O, flüssig	−285	70
Wasser	H$_2$O, gasförmig	−242	189

Tabelle 7.1. Standardbildungsenthalpien und -entropien einiger anorganischer Stoffe

7.2 Die Freie Enthalpie und die Freie Energie

Die **Freie Enthalpie** G ist allgemein definiert durch die Gleichung

$$G = U + p \cdot V - T \cdot S = H - T \cdot S. \qquad (57)$$

Worin besteht nun die Bedeutung dieser Definition? Wie bereits in 6.1 gesagt, kann man unter Laborbedingungen die Temperatur T und den Druck p und die Zustandssumme Z_1 als konstant ansehen. Die Änderung von G, ΔG, wird dann

$$\Delta G = \Delta U + p \cdot \Delta V - T \cdot \Delta S = \Delta H - T \cdot \Delta S.$$

Durch Vergleich mit der thermodynamischen Identität (54) ergibt sich nun

$$\Delta G = \mu \cdot \Delta N = -k \cdot T \cdot \ln Z_1 \cdot \Delta N. \tag{58}$$

Falls nicht nur eine Teilchensorte vorhanden ist, muß man wie in 6.6, Gleichung (55) $\ln Z_1$ durch $\ln K$ ersetzen.

G ist somit nichts anderes als die mit T multiplizierte (negative) Konzentrations- bzw. Mischungsentropie:

$$G = -k \cdot N \cdot T \cdot \ln Z_1 = -T \cdot S_K \quad \text{bzw.} \quad G = -k \cdot N \cdot T \cdot \ln K = -T \cdot S_M.$$

Eine weitere nützliche Funktion ist die **Freie Energie**

$$F = U - T \cdot S. \tag{59}$$

Mit der Freien Enthalpie G ist sie durch die Beziehung $G = F + p \cdot V$ verknüpft.

Für die Änderung von F bei konstanter Temperatur T gilt

$$\Delta F = \Delta U - T \cdot \Delta S. \tag{60}$$

Falls sich bei einem Vorgang das Volumen nicht ändert, wird $\Delta F = \Delta G$.

Läßt sich nun auch F als Entropie deuten? Beim idealen Gas hatten wir in 3.2, Gleichung (21) und (22) die Freie Entropie $S_F = k \cdot \ln Z_N = k \cdot N \cdot \ln Z_1 + k \cdot N$ also natürliches Maß für Anzahl der Mikrozustände erhalten. Multipliziert man S_F mit T, so ergibt sich

$$S_F \cdot T = k \cdot T \cdot \ln Z_N = -G + N \cdot k \cdot T = -G + p \cdot V = -F.$$

Damit entpuppt sich die Freie Energie F als die mit T multiplizierte (negative) Freie Entropie S_F.

Der Begriffe der Freien Energie und der Freien Enthalpie wurden in der 2. Hälfte des 19. Jahrhunderts von *H. v. Helmholtz* bzw. von *W. Gibbs* eingeführt, als der heutige allgemeine Entropiebegriff noch nicht ausgeformt war. Die dahinter stehende Vorstellung war geprägt durch die Erkenntnis, daß bei Wärmekraftmaschinen nie die aus einem Arbeitsmedium, z.B. aus einem sich abkühlenden Gas herausgeholte innere Energie ΔU tatsächlich zur Verrichtung von mechanischer Arbeit ΔW zur Verfügung stand: immer mußte ein Teil der inneren Energie als nutzlose Abwärme ΔQ vergeudet werden. ΔG bzw. ΔF war nun ein Maß für die Arbeitsfähigkeit eines Systems. Um das zu erläutern, betrachten wir am besten Kräfte. Um sie von der Freien Energie F zu unterscheiden, bezeichnen wir sie mit dem Buchstaben K.

Ist die Arbeitsverrichtung bei einer Wärmekraftmaschine oder auch bei einem chemischen Umwandlungsvorgang gekoppelt mit einer Verschiebung (z.B. eines Kolbens) um die Strecke Δx, so kann man (57) bzw. (60) durch Δx dividieren und als Kräftegleichung deuten: die zur Verfügung stehende „freie" Triebkraft ergibt sich aus der mechanischen „Potentialkraft"

$$K_{mech} = -\frac{\Delta U}{\Delta x}(+p \cdot \frac{\Delta V}{\Delta x}) = -\frac{\Delta U}{\Delta x}(+p \cdot A)$$

vermindert um die „Wärmeentropiekraft" $K_Q = T \cdot \Delta S / \Delta x$. Die verfügbare Triebkraft ist minimal, wenn annäherndes „Kräftegleichgewicht" erreicht ist, wenn also $\Delta F / \Delta x = K_{res} = K_{mech} + K_Q \approx 0$ ist. Der Vorgang besitzt dann kaum noch „Eigendynamik" und ist im Grenzfall reversibel bzw. sogar stabil.

Daraus entwickelte sich dann die allgemeinere Regel, daß ein thermodynamisches System den Zustand mit extremaler, d.h. genauer minimaler Freier Enthalpie bzw. – bei Vorgängen ohne Volumenänderungen – Freier Energie bevorzugt, daß also das thermodynamische „Gleichgewicht" beschrieben ist durch die Bedingung $\Delta G = 0$ bzw. durch $\Delta F = 0$. Diese allgemeine Regel ist besonders bei chemischen Reaktionen nützlich, weil die „Triebkraft" der Reaktion nicht mehr als mechanische Kraft deutbar ist. Die Bezeichnung von $\mu = \Delta G / \Delta N$ als chemisches Potential rührt her von dieser mechanisch-energetischen Betrachtungsweise: es gibt an, um wieviel sich die „Arbeitsfähigkeit" des Systems pro Reaktion ändert. Reaktionsstillstand tritt ein, wenn es keine Änderungen ΔN der Teilchenzahlen zwischen unterschiedlichen Zuständen mehr gibt. Läuft eine Reaktion andererseits explosionsartig und damit vollständig irreversibel ab, so ist μ sehr groß; die Arbeitsfähigkeit des Systems nimmt dann mit jeder Umwandlung rasch ab. Eine besondere Bedeutung erhält μ bei Redoxreaktionen (vgl. Abschnitt 4.5, Abb. 4.4): ΔG kann dann bei reversibler Führung der Reaktion, wie z.B. beim Akkumulator, mit der Umwandlung von chemischer Energie in elektrische Energie $\Delta U \cdot q \cdot \Delta N$ verknüpft werden. Dabei ist hier ΔU die Spannungsdifferenz zwischen den Polen des Akkumulators und q die Ladungsmenge pro Einzelreaktion. μ ist dann einfach gleich $\Delta U \cdot q$.

Wie ist aus heutiger Sicht diese Betrachtungsweise zu bewerten? Das Problem besteht darin, daß der Summand $T \cdot \Delta S$ in (60) im Gegensatz zu ΔU nur bei reversiblen Vorgängen eine Energie darstellt. Man läßt sich also auf ein begrifflich unkorrektes „Nebeneinander" von Energie und Entropie in einer Gleichung ein. *F. Bader* drückt das folgendermaßen aus [26]:

Das Minuszeichen in $\Delta G = \Delta H - T \cdot \Delta S$ verleitet dazu, diese Gleichung so zu deuten, als ob Energie und Entropie miteinander „ringen" würden. Man sagt oft: „Nach einem (angeblichen) Prinzip vom Energieminimum soll in erster Li-

nie der Energieterm ΔH *möglichst negativ sein". Reicht dies nicht aus, so fordert man, daß* ΔS *„wegen eines zusätzlichen Entropieprinzips" möglichst positiv sein müsse. Doch läßt sich kein Naturgesetz ausmachen, das den Schiedsrichter spielen sollte... Solche Darlegungen verschleiern die führende Rolle der Entropie: Es gibt kein Abwägen zwischen Energie und Entropie.*

Wir haben hier gezeigt, daß F und G mit der Temperatur T multiplizierte (negative) Entropien sind, und deuten die Bedingungen $\Delta F = 0$ bzw. $\Delta G = 0$ für den Gleichgewichtszustand einfach als Bedingungen für das Maximum der Entropien S_F bzw. S_M der Systeme. Da in Anordnungen, bei denen sich Teilchen ineinander umwandeln oder in verschiedenen Zuständen auftreten können, im Gleichgewicht $\Delta N = 0$ gilt, folgt damit aus (58), daß die Bedingung $\Delta G = 0$ die grundlegende Gleichgewichtsbedingung für derartige Systeme darstellt.

Gleichgewichtsbedingung zusammengesetzter Systeme: $\Delta G = 0$.

7.3 Die kanonische Gesamtheit

Jedes endliche System, das man untersuchen will, ist in seine Umgebung eingebettet. Betrachtet man nun das System und seine Umgebung als neue Gesamtheit, so kann man sich diese Gesamtheit als aus zwei Teilsystemen zusammengesetzt denken und im Gleichgewicht die Grundbedingung $\Delta G = 0$ bzw. – bei konstantem Volumen der Teileinheiten System bzw. Umgebung – $\Delta F = 0$ voraussetzen. Eine derartige Gesamtheit nennt man dann **kanonisch**.

Wir erläutern diesen Begriff anhand von drei Beispielen:

a) **der löchrige Kristall** (vgl. Abschnitt 3.4, Abb. 3.3): Absolut reine Kristalle sind schwierig herzustellen; einige Fehlstellen im Gitter gibt es immer, obwohl das Herauslösen eines Atoms aus dem Gitterverband nur unter Aufwendung einer bestimmten Bindungsenergie ε möglich ist.

Bei der Anordnung in Abb. 7.2 sollen der Druck p und die Temperatur T konstant sein; die Umgebung muß also einen so großen Energieinhalt E besitzen, daß sich ihre Temperatur durch die Abgabe der Energie ΔQ an den Kristall nicht merklich verändert. Wenn nun im Kristall die Anzahl der Fehlstellen wächst, so steigt dadurch das Volumen etwas an. Wir wollen hier aber voraussetzen, daß die Volumenänderung ΔV vernachlässigt werden kann. Das sich einstellende Gleichgewicht zwischen Fehlstellenentstehung unter Energieaufnahme des Kristalls aus der Umgebung und Fehlstellenabbau unter

Energieabgabe ist natürlich fließend. Wir wollen hier insbesondere herausfinden, wie die Fehlerrate von der Bindungsenergie ε abhängt.

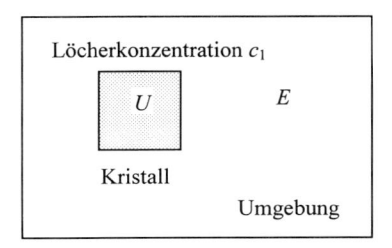

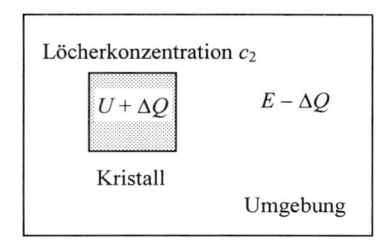

Abbildung 7.2. Übergang einer kanonischen Gesamtheit, bestehend aus einem Kristall und der Umgebung, von einem Zustand des Kristalls mit wenig Löchern zu einem mit vielen Löchern. Der Kristall entnimmt dabei der Umgebung die Energie ΔQ.

b) **Verdunsten von Wasser:** Über jeder offenen Wasserfläche gibt es in einem Raum, z.B. einem Behälter, einen Dampfdruck. So wie es sehr schwierig ist, einen perfekten Kristall herzustellen, so ist es praktisch unmöglich, über Wasser einen Raum frei von Wasserdampfmolekülen zu halten.

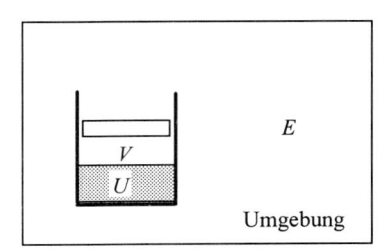

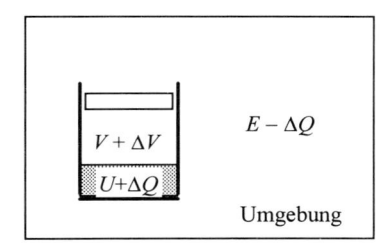

Abbildung 7.3. Verdunstung von Wasser in einem Kolbenprober. Das Wasser nimmt dabei aus der Umgebung die Wärme ΔQ auf und das Wasser-Dampfsystem vergrößert sein Volumen um ΔV.

Wie im ersten Beispiel sollen die Temperatur T und der Druck p konstant sein. Die Volumenänderung ΔV aufgrund der Verdunstung ist hier jedoch nicht vernachlässigbar. Der Bindungsenergie ε der Atome im Kristallgitter entspricht hier die Verdunstungswärme pro Molekül.

c) **chemische Reaktionen:** Das „System" (s. Abb. 7.4) besteht hier oft wie bei b) aus einem Kolbenprober oder aus einem Zweischenkelrohr oder einem Kalorimeter, gefüllt mit den Substanzen, die miteinander reagieren sollen. Druck und Temperatur sollen im Labor wieder konstant sein.

Die Unterschiede ΔV, ΔQ und $\Delta H = \Delta Q + p \cdot \Delta V$ von Volumen, Wärme und Enthalpie der reagierenden Substanzen beziehen sich hier auf die Größen vor und nach der Reaktion und erhalten die Kennung „*Sub*". Man kann die Werte von ΔH_{Sub} als Differenzen der Standardbildungsenthalpien der beteiligten Stoffe aus Tabellen entnehmen.

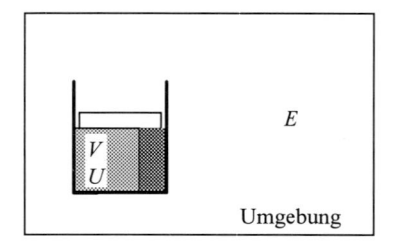

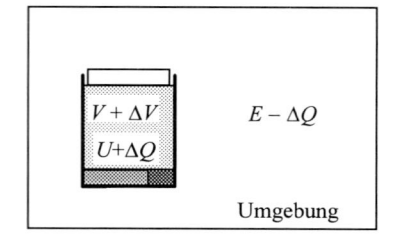

Abbildung 7.4. Vor Ablauf einer chemischen Reaktion sind hier im Kolbenprober zwei verschiedene Substanzen, die dann teilweise miteinander reagieren und dabei eine dritte Substanz erzeugen. Ein Beispiel wäre die Knallgasreaktion $2\,H_2 + O_2 \Leftrightarrow H_2O$.

Der Unterschied zu b) besteht darin, daß es im „System" nicht nur zwei, sondern mehrere Teilchensorten geben kann.

Den drei Beispielen ist nun eines gemeinsam: Beim Übergang des Systems vom Ausgangs- in den Endzustand gibt es eine „Energieschwelle", eine „Potentialstufe", die überschritten wird, indem z.B. pro Mol eine Wärmemenge ΔQ abgegeben oder aufgenommen wird.

7.4 Konzentrationsverhältnisse bei Potentialstufen

Wir untersuchen zunächst Vorgänge, wie bei 7.2, a), bei denen sich das Volumen des Systems nicht ändert: $\Delta V = 0$. Im Gleichgewichtszustand gilt nun $\Delta G = \Delta F = 0$ und damit nach (60) $\Delta S = \Delta U / T$. Die Änderung ΔU der inneren Energie des Systems ergibt sich aus der „Potentialschwelle" ε pro Einzelvorgang bei ΔN Übergängen zu $\Delta U = \Delta N \cdot \varepsilon$.

Die Entropie S für die zwei Energiezustände ε_1 und ε_2 mit Unterschied ε und Konzentrationen $c_1 = c(\varepsilon_1)$ bzw. $c_2 = c(\varepsilon_2) = 1 - c_1$ errechnet sich nach der Formel von *Shannon* zu $S = -k \cdot N \cdot (c_1 \cdot \ln c_1 + (1 - c_1) \cdot \ln (1 - c_1))$. Die Änderung ΔS ergibt sich wie in Abschnitt 3.4 durch Ableiten:

$$\Delta S = -k \cdot N \cdot \ln \frac{c_1}{1 - c_1} \cdot \Delta c_1 = -k \cdot N \cdot \ln \frac{c_1}{c_2} \cdot \frac{\Delta N}{N}.$$

Damit erhält man schließlich für die Konzentrationsverhältnisse

$$\ln\frac{c_1}{c_2} = -\frac{\Delta U}{k \cdot \Delta N \cdot T} \cdot \qquad (61)$$

Wir betrachten einige Beispiele:

1. Zur **Erzeugung einer Leerstelle** ($\Delta N = 1$) im Kristall von Abschnitt 7.2 sei eine Energie $\Delta U = \varepsilon = 1$ eV $= 1{,}6 \cdot 10^{-19}$ J erforderlich. Bei $T = 298$ K ist dann $c_2 : c_1 = e^{-39} = 1{,}3 \cdot 10^{-17}$, bei T = 2000 K dagegen bereits $e^{-5,8} = 0{,}3\%$.

2. Aufbau eines **Ruhepotentials bei Nervenzellen**: An der Membran von Nervenzellen trifft man eine spezifische Verteilung von Ionen an [24]: Im Innern der Zelle befinden sich Kaliumionen und organische Anionen in hoher Konzentration, Natrium- und Chloridionen in niedriger Konzentration. In der Gewebsflüssigkeit außerhalb der Zelle gibt es Natrium- und Chloridionen in hoher Konzentration und Kaliumionen in geringer Konzentration. Die Membran der Zelle ist selektiv durchlässig, d.h. Kaliumionen können gut durch die Membran diffundieren, die organischen Anionen werden zurückgehalten. So entsteht an der Zellmembran eine Spannung zwischen der negativen Ladung der innen verbleibenden Anionen und der positiven Ladung der Kaliumionen. Dieses Potential nennt man das Ruhepotential, da es an der ungereizten Nervenzelle zu messen ist; es beträgt 60 bis 80 mV. Aus dieser Spannungsdifferenz berechnet man für ein Mol mit der Faradaykonstanten $F = 96487$ C bei 20 °C

$$\frac{\Delta U}{R \cdot T} = \frac{96487 \cdot 0{,}08}{8{,}31 \cdot 293} = 3{,}2,$$

und mit (61) ein Konzentrationsverhältnis von 24 : 1. Dieses Verhältnis ist einerseits weit entfernt von statistischen Schwankungen; andererseits ist der energetische Aufwand der gekoppelten Natrium-Kaliumpumpe biologisch vertretbar.

3. **Fehlerraten bei Replikation der DNS**: Wie in Abb. 2.3 dargestellt, ist das Trägermolekül der Erbsubstanz eine lange „Strickleiter", deren Sprossen durch Basenpaare A–T, T–A, C–G und G–C gebildet sind. Zwischen den Basenpaaren A–T und C–G sind aufgrund ihrer räumlichen Komplementarität Wasserstoffbrückenbindungen möglich mit einer Energie von rund 0,1 eV. Tritt nun in der DNS ein Defekt auf, indem die Bindung eines Basenpaares aufgebrochen wird, so ist dazu entsprechend der Zahl der Bindungen etwa 0,2 eV bis 0,3 eV erforderlich. Durch eine Rechnung wie bei 1. erhält man bei Zimmertemperatur ein Konzentrationsverhältnis der defekten zu den intakten Basenpaaren von 1: 20000. Daraus ergibt sich, daß bereits bei Einzellern, deren DNS mehr als 10^6 Basenpaare aufweist, eine Reproduktion nur mit Enzymen mit ausreichender Genauigkeit möglich ist.

4. **Barometrische Höhenformel**: Sie beschreibt die Abnahme der Teilchenkonzentration der Atmosphäre mit wachsender Höhe h über dem Erdboden. Dabei nimmt man der Einfachheit halber an, daß die Temperatur T konstant ist, und daß alle Teilchen dieselbe Masse m besitzen. Natürlich wird auch davon abgesehen, daß die wirkliche Atmosphäre durch Luftbewegung, durch Wolkenbildung und Sonneneinstrahlung andauernd durcheinander gewirbelt wird. Die Energieschwelle ΔU zwischen zwei Teilchen besteht hier einfach aus der Differenz der Lageenergie, $m \cdot g \cdot h$. Die Konzentration in der Höhe h, $c(h)$ ist dann

$$c(h) = c(0) \cdot e^{-\frac{mgh}{kT}}.$$

Proportional zur Konzentration sinkt auch die Dichte ab. In der charakteristischen Höhe $H = k \cdot T / (m \cdot g)$ nimmt die Dichte um den Bruchteil $e^{-1} \approx 0{,}37$ ab. Bei einer Stickstoffatmosphäre ist die Masse m eines N_2 - Moleküls $48 \cdot 10^{-27}$ kg. Bei 290 K und $g = 9{,}81$ ms^{-2} wird dann $H = 8{,}5$ km. Leichtere Moleküle, wie z.B. H_2 und He können in noch größeren Höhen vorkommen, doch sind sie schon weitgehend aus der Atmosphäre entwichen.

5. Temperaturabhängigkeit des **Ozongehalts von Luft**. Zur Bildung von Ozon, O_3, kann es kommen, wenn die Atombindung von Sauerstoffmolekülen O_2 aufgebrochen wird. Dies kann geschehen aufgrund der Einstrahlung von ionisierender Strahlung, z.B. UV-Strahlung, oder durch thermisch bedingte Stöße. Die Bildung 1 Mol O_3 aus O_2 erfordert 143 kJ [25]. Mit (61) erhält man daraus an einem kalten Wintertag bei $-10\,°C$ eine Ozonkonzentration von $c_{kalt} = 3{,}8 \cdot 10^{-29}$, bei Sommerhitze (40 $°C$) dagegen $c_{heiß} = 1{,}3 \cdot 10^{-24}$, also etwa 35000 mal mehr. Natürlich spielen beim Ansteigen der Ozonwerte bei Sommersmog in Großstädten noch weitere Faktoren eine Rolle.

6. **Minoritätsleitung bei Halbleitern.** Halbleiterdioden aus Silizium und Germanium sollten als „Stromventile" möglichst „dicht" sein; auch bei reinen Halbleitern gibt es jedoch entsprechend der Energielücke ΔU zwischen dem Valenzband und dem Leitungsband eine kleine Anzahl von Elektronen, die vom Valenz- ins Leitungsband springen können und somit eine n- und p- Leitung ermöglichen. Um diese störende Eigenleitfähigkeit herabzusetzen, kühlt man Halbleiterbauelemente z.B. durch Gebläse. Bei dem häufigsten Halbleiterstoff, Silizium, beträgt $\Delta U = 1{,}1$ eV, und bei 290 K ergibt sich ein Bruchteil von $\exp(-44) \approx 8 \cdot 10^{-20}$ Elektronen im Leitungsband. Bei Germanium mit $\Delta U = 0{,}67$ eV beträgt er $\exp(-26) \approx 2 \cdot 10^{-12}$; sie sind somit „undichter".

7. Paramagnetische Ausrichtung von **Elektronenspins in einem Magnetfeld B**: Aufgrund ihres Eigendrehimpulses besitzen Elektronen ein magnetisches Dipolmoment von (etwa) einem *Bohr*schen Magneton $\mu_B = 9{,}27 \cdot 10^{-24}$ JT^{-1}. Daraus resultiert im Magnetfeld B eine Energieschwelle $\Delta U = \mu_B \cdot B$ zwischen

den Elektonenspinzuständen parallel (↑) und antiparallel (↓) zum Magnetfeld. Bei T = 290 K und B = 1 T wird das Konzentrationsverhältnis $c_\uparrow : c_\downarrow$ = 1,002, bei T = 77 K (dem Siedepunkt von Stickstoff) 1,009. Nur ein kleiner Teil der elektronischen Elementarmagnete ist also ausgerichtet und ruft eine durch das äußere Magnetfeld bewirkte eigene Magnetisierung $M = (c_\uparrow - c_\downarrow)/c_\downarrow$ der Probe hervor. Man kann in der *Boltzmann*-Verteilung $c_\uparrow : c_\downarrow = e^{-x}$ für kleines $x = \mu_B \cdot B / k \cdot T$ setzen $e^{-x} \approx 1 - x$ und erhält so die Beziehung

$$M = \frac{\mu_B}{k \cdot T} \cdot B.$$

Die Magnetisierung eines paramagnetischen Stoffs verhält sich also proportional zum Magnetfeld und umgekehrt proportional zur Temperatur.

8. **Der pH-Wert von reinem Wasser** entspricht nach Abschnitt 3.3 dem Konzentrationsverhältnis von H_3O zu H_2O, welches bei 298 K etwa 10^{-7} beträgt. Wir können daraus die Aktivierungsenergie ΔU berechnen, die zur Bildung von H^+ - und OH^- Ionen aus H_2O - Molekülen erforderlich ist:

$$\Delta U = 6{,}6 \cdot 10^{-20} \text{ J} = 0{,}04 \text{ eV}.$$

7.5 Chemische Reaktionen

Wir haben bisher den Zusammenhang zwischen Konzentrationen verschiedener Stoffe oder Zustände und den zugehörigen Energieunterschieden **im Gleichgewicht** untersucht. In der Chemie will man meistens wissen, ob zwei oder mehrere Ausgangsstoffe miteinander reagieren, wenn man sie in Kontakt bringt, wie schnell und vollständig eine Reaktion gegebenenfalls abläuft, wie der Reaktionsverlauf von der Temperatur und dem Druck abhängt, und wieviel Wärme dabei entsteht oder gebraucht wird.

Die meisten Reaktionen starten nicht spontan, sondern benötigen eine gewisse Aktivierungsenergie W_A. Um neue Bindungen zwischen den Atomen und Molekülen der Reaktionspartner herzustellen, müssen nämlich zunächst die vorhandenen Bindungen aufgebrochen werden. Hierzu müssen die Moleküle zufällig durch thermische Stöße die zusätzliche Energie W_A auf sich versammeln. Die Wahrscheinlichkeit hierfür und damit die Reaktionsrate ist nach (61) proportional zum *Boltzmann*-Faktor

$$e^{-\frac{W_A}{k \cdot T}}.$$

R. U. Sexl bemerkt hierzu, daß ein Muezzin auf einem hohen, mit einem Geländer versehenen Minarett sicherer lebt als ein Tapezierer, der ohne Brüstung auf einer Leiter arbeitet. Die „Geländer" der Aktivierungsenenergien schützen die bestehenden Moleküle und gestalten unsere Welt **metastabil**.

Katalysatoren und Enzyme erleichtern allerdings das Aufbrechen der vorhandenen Bindungen und bauen die Aktivierungsschwelle W_A ab. Dadurch können ganz gezielt einzelne spezifische Reaktionen in Gang gesetzt werden, die allein nur mit unmerklich kleiner Geschwindigkeit ablaufen würden. In Lebewesen sind hochspezifische Proteine die Auslöser von Reaktionen und damit Lebensvorgängen.

Sieht man nun von der Rolle der Aktivierungsenergie als „Schutzwall" ab, so ist der Anfangszustand eines Stoffgemisches im allgemeinen **instabil**; im Laufe der Reaktion werden sich die Meßgrößen S, H, Q usw. ändern. Die Symbole ΔS, ΔH, ΔQ und ΔG beziehen sich in der Chemie auf die Unterschiede der jeweiligen Größe vor und nach der Reaktion. Während im Abschnitt 7.4 Systeme im Gleichgewicht untersucht ($\Delta G = 0$) und die Entropieunterschiede ΔS und damit die Konzentrationsverhältnisse berechnet wurden, wollen wir hier ΔG ($\neq 0$) nach Gleichung (57) ermitteln. Die Enthalpie- und Entropieunterschiede können dabei im allgemeinen nur kalorisch gemessen werden.

In der Tab. 7.1 sind einige Standard**bildungs**enthalpien aufgelistet. Die Änderung ΔH_{Sub} der H-Werte bei einer Reaktion heißt **Reaktionsenthalpie.** Die Abkürzung „Sub" bedeutet, daß sich ΔH auf die reagierenden Substanzen bezieht. Wir bestimmen ΔH_{Sub} für zwei Reaktionen:

a) $C + O_2 \Leftrightarrow CO_2$: Da H_0 für O_2 und C nach Tab. 7.1 den Wert 0 besitzt, ist die Reaktionsenthalpie gleich der Bildungsenthalpie von CO_2:

$$\Delta H_{Sub} = H_0(CO_2) - H_0(C) - H_0(O_2) = -393 \text{ kJmol}^{-1} - 0 \text{ kJmol}^{-1}.$$

Bei der Verbrennung von Kohle wird Wärme an die Umgebung abgegeben.

b) $2 H_2 + O_2 \Leftrightarrow 2 H_2O$: Auch hier ist $\Delta H_{Sub} = H_0(H_2O) = -285 \text{ kJ mol}^{-1}$, und die Reaktion ist exotherm.

Analog berechnet man die Standard-**Reaktionsentropien** ΔS_{Sub} als Differenz der Standardentropien der Eingangs- bzw. Ausgangsstoffe:

a) $\Delta S_{Sub} = S_0(CO_2) - S_0(C) - S_0(O_2)$
$= (214 - 6 - 205) \text{ Jmol}^{-1}\text{K}^{-1} = 3 \text{ Jmol}^{-1}\text{K}^{-1}$.

b) $\Delta S_{Sub} = S_0(H_2O) - S_0(H_2) - \frac{1}{2} \cdot S_0(O_2)$
$= (70 - 131 - \frac{1}{2} \cdot 205) \text{ Jmol}^{-1}\text{K}^{-1} = -163{,}5 \text{ Jmol}^{-1}\text{K}^{-1}$.

Finden nun $N = N_A$ einzelne Reaktionsabläufe statt, so ändert sich dadurch die Freie Enthalpie G um den Wert der **Freien** Standard-**Reaktionsenthalpie**

$$\Delta G_{Sub} = \Delta H_{Sub} - T \cdot \Delta S_{Sub} \qquad (62)$$

Wir berechnen ΔG_{Sub} für zwei Temperaturen $T_1 = 298$ K und $T_2 = 2000$ K:

a) zu T_1: $\Delta G_{Sub} = (-393000 - 298 \cdot 3)$ J $= -393{,}9$ kJ.
   zu T_2: $\Delta G_{Sub} = (-393000 - 2000 \cdot 3)$ J $= -399{,}0$ kJ.

b) zu T_1: $\Delta G_{Sub} = (-286000 + 298 \cdot 163{,}5)$ J $= -237{,}3$ kJ.
   zu T_2: $\Delta G_{Sub} = (-286000 + 2000 \cdot 163{,}5)$ J $= +41{,}0$ kJ.

Welche Bedeutung besitzen nun die so errechneten Freien Reaktionsenthalpien? In (58) haben wir mit Hilfe der thermodynamischen Identität erkannt, daß ΔG die – negative und mit T multiplizierte – Änderung der Konzentrations- bzw. Mischungsentropie des Gesamtsystems angibt. Ist also ΔG_{Sub} negativ, so wächst die Gesamtentropie und umgekehrt.

Entsprechend zu (61) sind die Reaktionsenthalpien verknüpft mit Konzentrationsverhältnissen gemäß

$$\ln K = -\frac{\Delta G_{Sub}}{R \cdot T}. \qquad (63)$$

In den vier Fällen zu a) und b) berechnen wir nun K:

$K = \dfrac{c(CO_2)}{c(C) \cdot c(O_2)}$		$K = \dfrac{c(H_2O)^2}{c(H_2)^2 \cdot c(O_2)}$	
T_1	T_2	T_1	T_2
$K = 10^{69}$	10^{10}	10^{41}	$0{,}1$

Bei großem $K \gg 1$, also negativem ΔG_{Sub} verlaufen diese Reaktionen explosionsartig als Synthese, bei $K < 1$, also positivem ΔG_{Sub}, wird die Dissoziation überwiegen. Der Grund für den Vorzeichenwechsel von ΔG_{Sub} bei b) im Gegensatz zu a) bei der Temperatur T_2 liegt darin, daß bei der Verbrennung von C mit wachsender Temperatur die Volumenentropie von CO_2 wächst, während bei der Wassersynthese die Gase H_2 und O_2 ihr Volumen einschränken müssen. Mit wachsender Temperatur wird dieser Effekt immer bedeutsamer.

Viele weitere Anregungen und Beispiele (Entsalzung von Meerwasser, osmotischer Druck, Gefrierpunkterniedrigung u. a.) findet man bei *F.Bader* [26]. Wir wollen im folgenden Abschnitt als Anwendungsbeispiel zwei chemische Reaktionen etwas genauer untersuchen.

7.6 Zwei Anwendungsbeispiele

Wir untersuchen **im ersten Beispiel** die Reaktion von Kaliumhydrogencarbonat, einem weißen, festen Salz, mit Salzsäure, die in einer wässrigen Lösung der Konzentration $c = 2$ mol / l vorliegt. In der Abbildung 7.5 ist die Salzsäure im linken Schenkel und das Kaliumhydrogencarbonat im rechten Schenkel eines Zweischenkelrohrs eingefüllt. Dreht man das Rohr um die waagrechte Achse im Uhrzeigersinn, so fließt die Salzsäure nach rechts und die Reaktion läuft rasch ab mit Zischen und Sprudeln. Berührt man nun aber vorsichtig das rechte Glasrohr, so stellt man fest, daß es sich nicht etwa erhitzt, sondern stark abkühlt. Dies wird auch durch das elektrische Thermometer, dessen Fühler in das rechte Rohr eingeführt ist, angezeigt. An das Zweischenkelrohr ist ein Kolbenprober luftdicht angeschlossen, dessen Stempel im Verlauf der Reaktion nach außen gedrückt wird; die Abbildung 7.5 zeigt, wie ein am Stempel über eine feste Rolle mit einer Schnur befestigtes Gewichtsstück dabei angehoben wird.

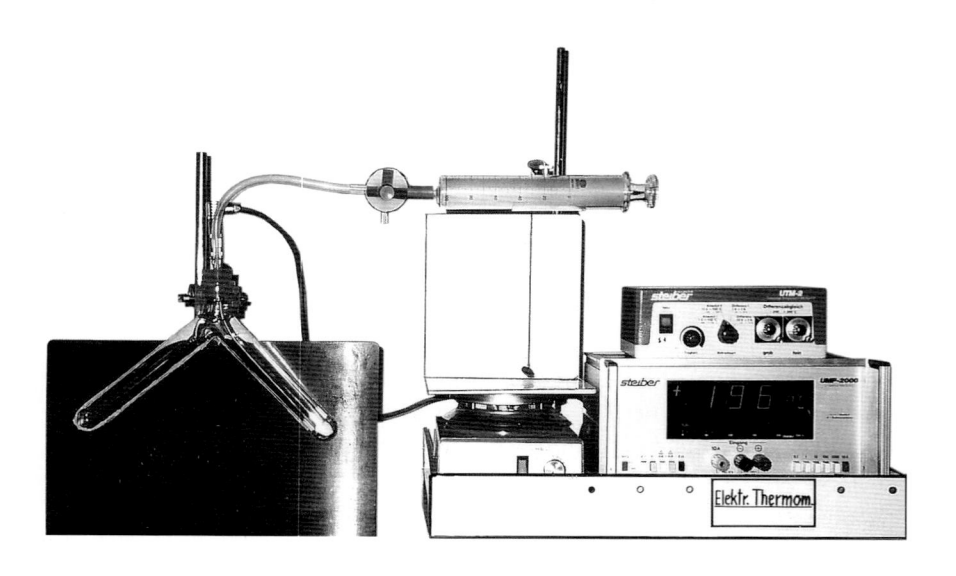

Abbildung 7.5. Versuchsaufbau zur Reaktion von Kaliumhydrogenkarbonat mit Salzsäure

Die Reaktionsgleichung lautet:

KHCO$_3$ + HCl $\Rightarrow$ CO$_2$↑ + H$_2$O + KCl.
Kaliumhydrogencarbonat　Salzsäure　　Kohlendioxid　Wasser　Kaliumchlorid

Offensichtlich erzeugt das entstehende Kohlendioxid den nötigen Druck, um den Stempel gegen den Luftdruck und gegen das Gewicht der angehängten Masse nach rechts zu bewegen. Das andere Reaktionsprodukt, Kaliumchlorid ist ein im Wasser gelöstes, farbloses Salz.

Mit Hilfe der Tabelle 7.1 ermittelt man die Reaktionsenthalpie:

$$\Delta H_{Sub} = \sum (H_0)_{nachher} - \sum (H_0)_{vorher}$$
$$= (-393 - 285 - 251 - 167)\, kJmol^{-1} - (-959 - 0 - 167)\, kJmol^{-1}$$
$$= -1096\, kJmol^{-1} + 1126\, kJmol^{-1}$$
$$= 30\, kJmol^{-1}.$$

Die Reaktion ist also endotherm; die beobachtete Abkühlung der reagierenden Substanzen ist damit erklärt.

Die Reaktionsentropie ergibt sich entsprechend:

$$\Delta S_{Sub} = \sum (S_0)_{nachher} - \sum (S_0)_{vorher}$$
$$= (214 + 70 + 103 + 57)\, JK^{-1}mol^{-1} - (194 + 0 + 57)\, JK^{-1}mol^{-1}$$
$$= 444\, JK^{-1}mol^{-1} - 251\, JK^{-1}mol^{-1}$$
$$= 193\, JK^{-1}mol^{-1}.$$

Das Anwachsen der Entropie rührt hauptsächlich her von der großen (Volumen-) entropie von CO$_2$ von 214 JK^{-1}mol^{-1}.

Damit wird die Freie Reaktionsenthalpie insgesamt negativ:

$$\Delta G_{sub} = -T \cdot \Delta S_{Sub} = 30000\, Jmol^{-1} - 298\, K \cdot 193\, JK^{-1}mol^{-1}$$
$$= -27514\, Jmol^{-1}.$$

Die Konstante K ergibt sich nach (63) zu $7 \cdot 10^4$, so daß die Reaktion praktisch vollständig abläuft.

Das zweite Beispiel soll zeigen, wie sich bei einer Redoxreaktion mit Hilfe der kalorisch gemessenen Reaktionsenthalpie ΔH_{Sub} und der durch eine Spannungsmessung ermittelten Freien Reaktionsenthalpie ΔG_{Sub} die Reaktionsentropie ΔS_{Sub} berechnen läßt.

Wir untersuchen die Reaktion

$$2\, Ag^+ + Cu \Rightarrow 2\, Ag + Cu^{2+}$$

und erläutern, wie die Reaktionsenthalpie bestimmt werden kann:

In das geeichte Sichtkalorimeter nach *J. Zitt* [37] , vgl. Abb. 7.6, wird 50 ml Silbernitratlösung, $c = 0{,}5$ mol / l gegeben, also 1 / 40 mol Silberionen; sie können nun mit 1 / 80 mol Kupfer, also 0,8 g reagieren. Man schüttet aber etwa 2 g Kupfer im Überschuß mit einem Spatel durch den Spezialtrichter dazu. Damit soll gewährleistet werden, daß alle Silberionen in möglichst kurzer Zeit reduziert werden. Das Kupfer wird durch einen Magnetrührer vermischt. Die Masse des Lösungswassers von 50 ml Lösung ist annähernd $m_W = 50$ g. Dieses Wasser dient gleichermaßen als Lösungswasser und als Kalorimeterwasser. Das Kalorimeterwasser und das Kalorimetergefäß nehmen die Reaktionsenergie in Form von Wärmeenergie auf und erwärmen sich innerhalb etwa einer Minute; gleichzeitig beobachtet man deutlich einen Farbumschlag von der anfänglich rostroten Farbe des neutralen Kupfers hin zur blauen Färbung der Kupferionen.

1 / 10-Grad-Thermometer oder Meßfühler für elektronische Temperaturmessung

Spezialtrichter zum Einfüllen der Reaktionspartner

Großer Silikonstopfen mit drei Bohrungen

Weißes Winkelstativ als Hintergrund

Durchsichtiges Kalorimetergefäß mit evakuierter Doppelglaswand, gefüllt mit Kalorimeterwasser

Magnetrührstäbchen

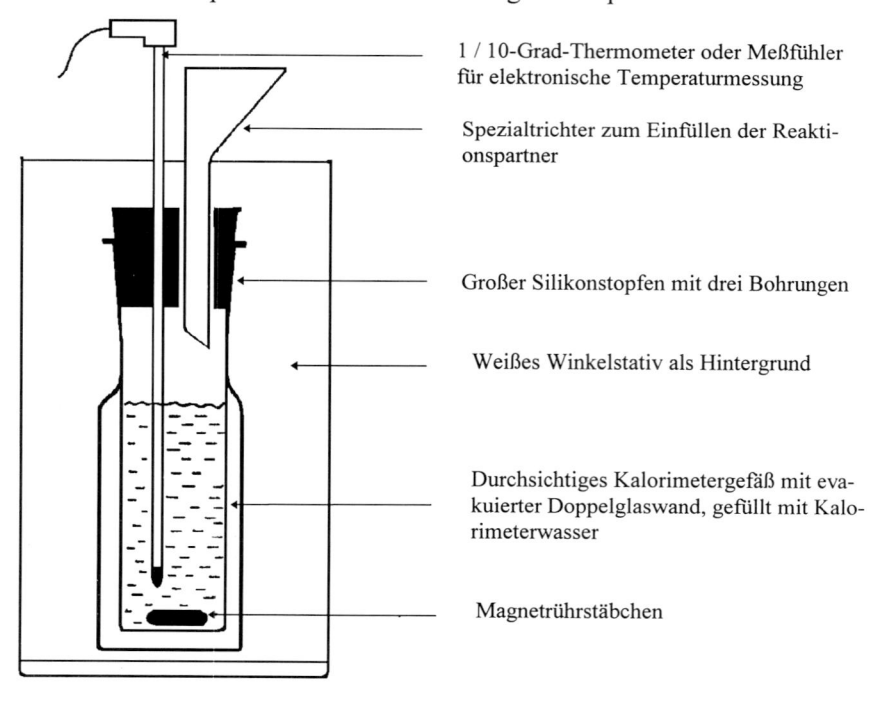

Abbildung 7.6. Das geeichte Sichtkalorimeter mit Magnetrührer, Thermometer und Trichter

Am Thermometer liest man eine maximale Erhöhung der Temperatur von etwa $\Delta\vartheta = 7{,}5 \pm 0{,}1$ K ab. Da die Wärmekapazität des geeichten Sichtkalorimeters bekannt ist ($C = 35$ JK^{-1}), kann man ΔH_{Sub} für 1 mol berechnen:

$$\Delta H_{Sub} = -80 \cdot \Delta\vartheta \cdot (C + c_W \cdot m_W) = -80 \cdot 7{,}5 \cdot (35 + 4{,}18 \cdot 50)\ \text{J} = -146\ \text{kJ}.$$

Die Freie Reaktionsenthalpie ΔG_{Sub} kann hier nun durch eine Spannungsmessung erhalten werden: Sie beträgt bei einer galvanischen Zelle mit Kupfer- bzw.

Silberelektroden 0,46 V. Wenn im Idealfall keine Konzentrationsänderungen stattfinden, so erhält man für ΔG_{Sub} beim Umsatz von 1 mol Kupfer

$$\Delta G_{Sub} = -U \cdot n \cdot F = -0{,}46\ V \cdot 2\ mol \cdot 96500\ J = -89\ kJ.$$

Mit Hilfe von (62) errechnet man daraus

$$\Delta S_{Sub} = (\Delta H_{Sub} - \Delta G_{Sub})/T = -195\ JK^{-1}.$$

Die Entropie der Substanzen nimmt also bei dieser Reaktion ab. Wir vergleichen diesen Meßwert mit dem mit Hilfe der Tabelle 7.1 zu errechnenden:

Reaktionsgleichung : $2\ Ag^+ + Cu \Rightarrow 2\ Ag + Cu^{2+}$.
Standartbildungsentropien in $Jmol^{-1}K^{-1}$: $2 \cdot 73 + 33 \Rightarrow 2 \cdot 43 + (-100)$.

ΔS_{Sub} ergibt sich so zu $(-14 - 179)\ Jmol^{-1}K^{-1} = -193\ Jmol^{-1}K^{-1}$, in guter Übereinstimmung zum experimentell erhaltenen Wert. Man erkennt hier, warum ΔS_{Sub} negativ wird: der Grund liegt in dem überraschend negativen Wert von S_0 der Cu^{2+}-Ionen in wässriger Lösung von $-100\ Jmol^{-1}K^{-1}$. Wie ist diese Abnahme zu erklären? Der Grund ist darin zu suchen, daß die Cu^{2+}-Ionen in Wasser **hydratrisiert** sind, d.h. von im Durchschnitt vier Wassermolekülen so eingehüllt sind, daß die negativen Sauerstoffatome zum Kupferion gerichtet sind. Die Entropie nimmt dadurch auf zweierlei Weisen ab:

a) die Mischungsentropie der fünf Mol Teilchen, bestehend aus vier Mol Wassermolekülen und einem Mol Kupferionen, reduziert sich auf null gemäß der folgenden Abschätzung :

$$\Delta S_M = -5 \cdot R \cdot (-0{,}2 \cdot \ln 0{,}2 - 0{,}8 \cdot \ln 0{,}8) = -34\ Jmol^{-1}K^{-1}.$$

b) Die Zahl der inneren Freiheitsgrade der Wassermoleküle, die sich an das Kupferion anlagern, verkleinert sich, da sie nur noch eingeschränkt beweglich sind. Ordnet man wie in Abschnitt 3.6 einem mol Teilchen mit sechs Freiheitsgraden bei $T = 298\ K$ die Entropie $S_Q = 142\ Jmol^{-1}K^{-1}$ zu, einem Freiheitsgrad als $S_1 = 24\ Jmol^{-1}K^{-1}$, so kann man abschätzen, daß bei der Hydratisierung von 1 mol Kupfer bei $T = 298\ K$ der Entropieabnahme von 133 $Jmol^{-1}K^{-1}$ eine Abnahme von etwa 4 Freiheitsgraden pro 4 Wassermolekülen, also einem Freiheitsgrad pro Molekül, entspricht. Dies erscheint vernünftig, da ja die Freiheitsgrade der Vibration durch die Hydratisierung nicht eingeschränkt werden und auch ein Freiheitsgrad der Rotation (um die Hantelachse der Wassermoleküle) erhalten bleibt.

Das große Maß an Wärmeentropie, das bei dieser Redoxreaktion an die Umgebung abgeführt werden kann, ermöglicht es, daß im System selbst eine **Struktur** ähnlich der eines Eiskristalls, nämlich das regelmäßig aufgebaute hydratisierte Cu^{2+}(aq)-Ion entstehen kann. Wie in Abb. 6.1 veranschaulicht, verursacht also das Anwachsen der Wärmeentropie eine Abnahme der „Gestaltentropie". Die Reaktion läuft dabei fast vollständig ($K = 4 \cdot 10^{15}$) ab.

8. Beschreibung von Ausgleichsvorgängen durch *Markoff*prozessse

8.1 Problemstellung

Das Naturgeschehen wird beherrscht durch Vorgänge, wie z.b. die Wärmeleitung, die Diffusion, durch Lösungsvorgänge oder chemische Reaktionen, die eine zeitliche Orientierung besitzen. Die Bilanzgröße bei allen diesen Vorgängen ist die Entropie S bzw. die Freie Enthalpie G: Nur falls sie zeitlich anwachsen bzw. abnehmen, kann der Vorgang von selbst ablaufen. Was hierdurch jedoch nicht geleistet wird, ist eine Beschreibung, wie dies geschieht.

In Abschnitt 1.14 wurde bereits ausgeführt, daß eine mikroskopische Berechnung eines Ausgleichsvorgangs mit Hilfe der klassischen Mechanik wegen der *Heisenberg*schen Unschärferelation unmöglich ist. Auch eine quantenmechanische Berechnung ist wohl nicht nur wegen der großen Zahlen von Teilchen oder Freiheitsgraden undurchführbar; vielmehr erscheint es grundsätzlich fragwürdig, mit Hilfe der Gleichung von *Schrödinger* einen Vorgang mit Zeitpfeil zu beschreiben, denn mit einer Lösungswellenfunktion $\psi(x,t)$ der *Schrödinger*gleichung ist immer auch die zeitlich gespiegelte Wellenfunktion $\psi^*(x,-t)$ eine mögliche Lösung.

Die Statistische Mechanik ist andererseits, wie in 5.2 dargestellt, nur in der Lage, Gleichgewichtszustände eines Systems zu ermitteln. *Während* eines thermischen Ausgleichsvorgangs ist ja z.B. nicht einmal die Temperatur T eines Systems eine Zustandsgröße. Grundgedanke der Statistischen Mechanik ist die Idee des „Urnenspiels": nacheinander werden blind Mikrozustände aus der Urne der verfügbaren ausgewählt; der Makrozustand mit der größten Anzahl g von Mikrozuständen, also auch mit der größten Entropie, stellt sich danach mit der größten Wahrscheinlichkeit ein. Entscheidend ist dabei das **Postulat der Inkohärenz** aufeinanderfolgender Mikrozustände.

Zwischen dem Versuch einer exakten Berechnung und dem Ansatz der statistischen Mechanik bildet die Beschreibung von Ausgleichsvorgängen durch *Markoff*ketten oder *Markoff*prozesse einen guten Mittelweg. Um eine erste Vorstellung von ihnen zu erhalten, kann man das Modell der Flüsterkette betrachten: Die Weitergabe einer Information erfolgt hier von einer Person zur benachbarten durch leises Flüstern ins Ohr nicht streng kausal, da Verständigungsfehler auftreten, aber auch nicht inkohärent. Die erhaltenen Nachrichten werden möglicherweise mit der Länge der Kette immer bruchstückhafter und „diffuser".

Informationen können kein Glied der Kette überspringen, da das jeweils dritte Glied nicht erfährt, was das zweite vom ersten vermittelt erhält. Der wichtigste Begriff bei *Markoff*ketten ist der der **bedingten Wahrscheinlichkeit**. Wir müssen daher zunächst einige Grundlagen der Wahrscheinlichkeitsrechnung bereitstellen.

8.2 Bedingte und totale Wahrscheinlichkeiten

Wir erläutern den Begriff der bedingten Wahrscheinlichkeit (vgl. Lehrbücher der Stochastik wie z.B. [20]) zunächst anhand eines Beispiels:

Beim Wurf mit einem Würfel sei $B = \{1,2,3,5\}$ das Ereignis, daß eine Primzahl geworfen wird und $A_1 = \{4,5,6\}$ das Ereignis, daß die geworfene Augenzahl größer ist als 3. Die Schnittmenge $B \cap A_1 = \{5\}$ ist das Ereignis, das eintritt, wenn B **und** A_1 zutreffen. Die Wahrscheinlichkeiten dieser Ereignisse sind bei einem guten Würfel $P(B) = \frac{2}{3}$; $P(A_1) = \frac{1}{2}$ und $P(B \cap A_1) = \frac{1}{6}$. Die bedingte Wahrscheinlichkeit, daß unter den Primzahlen eine geworfen wird, die größer ist als 3, ist nun $P_B(A_1) = \frac{1}{4}$, denn die Anzahl möglicher Ausgänge ist durch die Vorbedingung auf 4 begrenzt. Umgekehrt ist die bedingte Wahrscheinlichkeit, unter den Augenzahlen $\{4,5,6\}$ eine Primzahl zu erwürfeln, $P_{A_2}(B) = \frac{1}{3}$.

Wir suchen nun nach einer Formel zur Berechnung von $P_B(A_1)$ bzw. $P_{A_1}(B)$. Wir finden heraus, daß

$$P_B(A_1) = \frac{1/6}{2/3} = \frac{P(B \cap A_1)}{P(B)} \quad \text{und} \quad P_{A_1}(B) = \frac{1/6}{1/2} = \frac{P(B \cap A_1)}{P(A_1)} \quad \text{ist.}$$

Erweitert man nämlich die Brüche mit 6, so ist ihr Wert gerade das Verhältnis der günstigen zu den möglichen Ausgängen. Man kann den Sachverhalt auch in einem *Venn*-Diagramm darstellen:

Abb. 8.1. *Venn*-Diagramm:

Jedem möglichen Ereignis bei einem Zufallsexperiment ist eine Fläche zugeordnet. Der Inhalt der Gesamtfläche E ist 1.

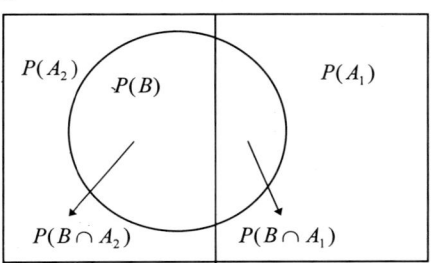

Den bedingten Wahrscheinlichkeiten entsprechen hier die Flächenverhältnisse der Schnittfläche zu den jeweiligen Teilflächen.

Allgemein definiert man die bedingte Wahrscheinlichkeit $P_A(B)$ für das Eintreten des Ereignisses B unter der Bedingung, daß das Ereignis A eingetreten ist, durch die Gleichung

$$P_A(B) = \frac{P(A \cap B)}{P(A)}. \qquad (64)$$

In der Physik entsprechen den Ereignissen A, B usw. Zustände oder Gruppen von Zuständen eines Systems und die bedingten Wahrscheinlichkeiten können als **Übergangswahrscheinlichkeiten** zwischen den Zuständen interpretiert werden. Oft lassen sich die Zustände abzählen und man kann sie kurz durch eine Nummer kennzeichnen. Anstatt $P(A)$, $P(B)$ schreibt man oft kurz z.B. p_1, p_2. Die Übergangswahrscheinlichkeiten vom Zustand 1 zum Zustand 2 schreibt man kurz p_{12}.

Um den Begriff der **totalen Wahrscheinlichkeit** zu erläutern, führen wir nun noch in unserem Beispiel das Ereignis $A_2 = \{1,2,3\}$ mit der Wahrscheinlichkeit $P(A_2) = \frac{1}{2}$ ein. Offensichtlich ist $A_1 \cap A_2 = \{\}$ und $A_1 \cup A_2 = E$ (vgl. Abb. 8.1). Es gilt nun

$$P(B) = P(B \cap E) = P(B \cap [A_1 \cup A_2]) = P([B \cap A_1] \cup [B \cap A_2]) = P(B \cap A_1) + P(B \cap A_2).$$

Anschaulich bedeutet dies, daß sich die Wahrscheinlichkeit, eine Primzahl zu würfeln, ergibt aus der Summe der Wahrscheinlichkeiten, eine Primzahl größer drei und der, eine kleiner gleich drei zu würfeln. Die Wahrscheinlichkeiten $P(B \cap A_1)$ und $P(B \cap A_2)$ kann man nun mit (64) durch bedingte Wahrscheinlichkeiten ersetzen:

$$P(B) = P_{A_1}(B) \cdot P(A_1) + P_{A_2}(B) \cdot P(A_2) \qquad (65)$$

Man nennt (65) die **Formel von der totalen Wahrscheinlichkeit**.

Besitzt die Ausgangsmenge nicht nur zwei, sondern n disjunkte Zustände mit Nummern $1,2,...,n$ und Wahrscheinlichkeiten $p_1, p_2, ... p_n$, so wird (65)

$$P(B) = p_1(B) \cdot p_1 + p_2(B) \cdot p_2 + ... + p_n(B) \cdot p_n = \sum_{i=1}^{n} p_i(B) \cdot p_i. \qquad (66)$$

8.3 *Markoff*ketten

Wir betrachten zunächst eine „Kette" mit drei Ereignissen A_1, A_2 und A_3. Da nach (64) gilt

$$P_{A_1 \cap A_2}(A_3) = \frac{P(A_1 \cap A_2 \cap A_3)}{P(A_1 \cap A_2)},$$

wird

$$\begin{aligned} P(A_1 \cap A_2 \cap A_3) &= P(A_1 \cap A_2) \cdot P_{A_1 \cap A_2}(A_3) \\ &= P(A_1) \cdot P_{A_1}(A_2) \cdot P_{A_1 \cap A_2}(A_3). \end{aligned} \quad (67)$$

Entsprechend dem Modell der Flüsterkette soll nun das Eintreten von Ereignis A_3 nur von A_2, nicht aber auch von A_1 abhängen:

$$P_{A_1 \cap A_2}(A_3) = P_{A_2}(A_3). \quad (68)$$

Die Gleichung (68) beinhaltet die Grundtendenz des *Markoff*schen Systems, seinen Informationsgehalt schrittweise zu vergrößern.

Mit (68) wird also aus (67)

$$P(A_1 \cap A_2 \cap A_3) = P(A_1) \cdot P_{A_1}(A_2) \cdot P_{A_2}(A_3). \quad (69)$$

Die Abbildung 8.2 veranschaulicht den Unterschied zwischen (67) und (69).

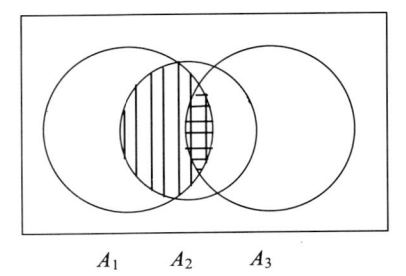

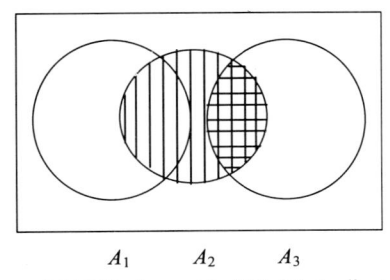

Abbildung 8.2. Das linke *Venn*-Diagramm entspricht (67), das rechte (69). Die bedingten Wahrscheinlichkeiten $P_{A_1 \cap A_2}(A_3)$ links bzw. $P_{A_2}(A_3)$ rechts entsprechen den Verhältnissen der horizontal schraffierten zu den vertikal schraffierten Teilflächen. Man erkennt, daß im rechten Bild die Lage von A_1 keine Rolle spielt.

Wir leiten nun die für *Markoff*ketten charakteristische **Markoffgleichung** her. Hierzu betrachten wir den „Übergang" von einem Ereignis A_1 nach einem anderen Ereignis A_4 über die „Zwischenstationen" A_2 und A_3. Dabei sei $A_2 \cap A_3 = \{\}$ und $A_2 \cup A_3 = E$, so daß $P(A_2 \cup A_3) = P(A_2) + P(A_3) = 1$ ist.

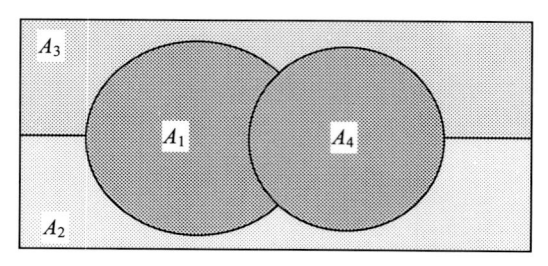

Abbildung 8.3. *Venn*-Diagramm zur Berechnung der Übergangswahrscheinlichkeit von A_1 nach A_4 über die Zwischenereignisse A_2 und A_3

$$P_{A_1}(A_4) \cdot P(A_1) = P(A_1 \cap A_4)$$
$$= P(A_1 \cap E \cap A_4)$$
$$= P(A_1 \cap [A_2 \cup A_3] \cap A_4)$$
$$= P([A_1 \cap A_2 \cap A_4] \cup [A_1 \cap A_3 \cap A_4])$$
$$= P(A_1 \cap A_2 \cap A_4) + P(A_1 \cap A_3 \cap A_4)$$
$$= P(A_1) \cdot P_{A_1}(A_2) \cdot P_{A_2}(A_4) + P(A_1) \cdot P_{A_1}(A_3) \cdot P_{A_3}(A_4).$$

Dabei wurde in der letzten Zeile die Gleichung (69) verwendet. Man kann nun durch $P(A_1)$ dividieren und erhält die *Markoff*gleichung

$$P_{A_1}(A_4) = P_{A_1}(A_2) \cdot P_{A_2}(A_4) + P_{A_1}(A_3) \cdot P_{A_3}(A_4),$$

die man kürzer auch

$$p_{14} = p_{12} \cdot p_{24} + p_{13} \cdot p_{34} \qquad (70)$$

schreiben kann.

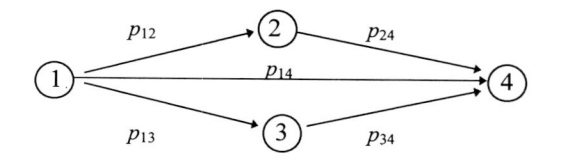

Abbildung 8.4.

Übergangsdiagramm zur *Markoff*gleichung (70)

Wir wollen nun alle Ereignisse bzw. Zustände mit Nummern i ($i = 1,2,3,4$) als gleichberechtigt ansehen und auch Übergangswahrscheinlichkeiten p_{ii} zum Ausgangszustand mit einbeziehen. In der Abb. 8.4 sind damit die Pfeile durch Doppelpfeile zu ersetzen und Doppelpfeile der Zustände zu sich selbst hinzuzufügen. Zu jeder Übergangswahrscheinlichkeit p_{ij} gibt es also auch die inverse Übergangswahrscheinlichkeit p_{ji}, die natürlich nicht gleich groß sein muß. Gehen wir nun von 4 Zuständen über zu n Zuständen, so kann man alle Übergangswahrscheinlichkeiten in der **Übergangsmatrix M** anordnen:

$$M = \begin{pmatrix} p_{11} & p_{21} & .. & p_{n1} \\ p_{12} & p_{22} & .. & p_{n2} \\ .. & .. & .. & .. \\ p_{1n} & p_{2n} & .. & p_{nn} \end{pmatrix} \qquad (71)$$

Wir nehmen nun an, daß die Übergänge zwischen den Zuständen in einer gewissen zeitlichen Abfolge stattfinden, so daß man die erreichten Zwischenzustände durchzählen kann. Normalerweise werden sich dann die Übergangswahrscheinlichkeiten p_{ij} bei jedem Übergang voneinander unterscheiden. Ist das nicht der Fall, so nennt man die *Markoff*kette **homogen**. Im Modell der Flüsterkette besagt diese Bedingung, daß alle beteiligten Personen „gleich gut ins Ohr flüstern". Wir werden im folgenden nur homogene *Markoff*ketten untersuchen. Die Gleichung (70) beschreibt damit allgemein den Zusammenhang zwischen zwei aufeinanderfolgenden Übergängen. Erweitert man (70) auf n mögliche Zustände, so lautet sie

$$p_{ij}(2) = p_{i1} \cdot p_{1j} + p_{i2} \cdot p_{2j} + ... + p_{in} \cdot p_{nj} = \sum_{k=1}^{n} p_{ik} \cdot p_{kj} \qquad (72)$$

Dabei bedeutet $p_{ij}(2)$ die Übergangswahrscheinlichkeit zweiter Ordnung. Die Formel (72) beinhaltet nun gerade die Multiplikation „•" der Übergangsmatrix M mit sich selbst. Für die Übergangsmatrix $M(2)$, die die Übergangswahrscheinlichkeiten zweiter Ordnung enthält, gilt also

$$M(2) = M \bullet M.$$

Für die Matrix $M(m)$ der Übergangswahrscheinlichkeiten $p_{ij}(m)$, bei einer homogenen *Markoff*kette nach m Übergängen vom Zustand i in den Zustand j zu gelangen, gilt damit

$$M(m) = M \bullet M \bullet .... \bullet M = M^m. \qquad (73)$$

Man kann die m Schritte auch in zwei Gruppen mit l und $m - l$ Schritten unterteilen und erhält mit (73) die Gleichung

$$\boxed{p_{ij}(m) = \sum_{k=1}^{n} p_{ik}(l) \cdot p_{kj}(m-l) \quad \text{bzw.} \quad M(m) = M(l) \bullet M(m-l).} \qquad (74)$$

Wir suchen nun nicht nur eine Beziehung zwischen Übergangswahrscheinlichkeiten $p_{ij}(m)$, sondern auch zwischen den Wahrscheinlichkeiten $p_i(1)$ und $p_i(m)$ der Zustände i selbst, die sich nach m Übergängen einstellen. Hierzu dient die Formel (66) der totalen Wahrscheinlichkeit:

$$p_i(m) = p_{i1}(m) \cdot p_1(1) + p_{i2}(m) \cdot p_2(1) + \ldots + p_{in}(m) \cdot p_n(1) = \sum_{k=1}^{n} p_{ik}(m) \cdot p_k(1).$$

Faßt man die n Wahrscheinlichkeiten $p_i(1)$ bzw. $p_i(m)$ ($i = 1,\ldots,n$) jeweils zu Spaltenvektoren $\vec{p}(1)$ bzw. $\vec{p}(m)$ zusammen, so kann man die Summe kurz als Produkt der Matrix $M(m)$ mit $\vec{p}(1)$ schreiben:

$$\boxed{\vec{p}(m) = M(m) \cdot \vec{p}(1)} \qquad (75)$$

Im folgenden werden zwei Beispiele für *Markoff*ketten erläutert.

8.4 Das Modell von *Ehrenfest*

Das Modell erlaubt, die Diffusion von Molekülen von einer Hälfte eines Gefäßes in das ganze Gefäß, wie in Abschnitt 4.3 behandelt, als *Markoff*kette zu simulieren. Wir betrachten hier die Diffusion von 10 Teilchen, die durchgehend numeriert seien. Es gelte folgende „Flüster"-Regel: Bei jedem Zeittakt wird mit Hilfe eines Zufallsgenerators eine Zahl zwischen 1 und 10 ermittelt; das Teilchen mit dieser Nummer muß dann von der Hälfte des Gefäßes, in der es sich gerade aufhält, in die jeweils andere Hälfte überwechseln. Sind zu Beginn alle Teilchen in der linken Hälfte, so wird im ersten Zeittakt sicher eines der zehn Teilchen nach rechts wandern. Im nächsten Takt kann aber immerhin mit der Wahrscheinlichkeit $p = 0{,}1$ die Nummer dieses Teilchens wieder gewählt werden, so daß es zurück wechselt; mit $p = 0{,}9$ wird aber die Nummer eines anderen Teilchens erhalten werden, so daß ein weiteres Teilchen nach rechts wechselt usw.

Abb. 8.5. Entwicklung der Wahrscheinlichkeiten $p_i(k)$ für den Aufenthalt von i Teilchen ($i = 0,1,\ldots,10$) in der rechten Hälfte eines Gefäßes nach dem Modell von *Ehrenfest* nach k Iterationen ($k = 1,2,\ldots 6$ und $k = 20$). Als Anfangsbedingung ist hier $p_0(1) = p_1(1) = 0{,}5$ und $p_2(1) = p_3(1) = \ldots = p_{10}(1) = 0$ gewählt.

$i = 0\quad 1\quad 2\quad 3\quad 4\quad 5\quad 6\quad 7\quad 8\quad 9\quad 10$

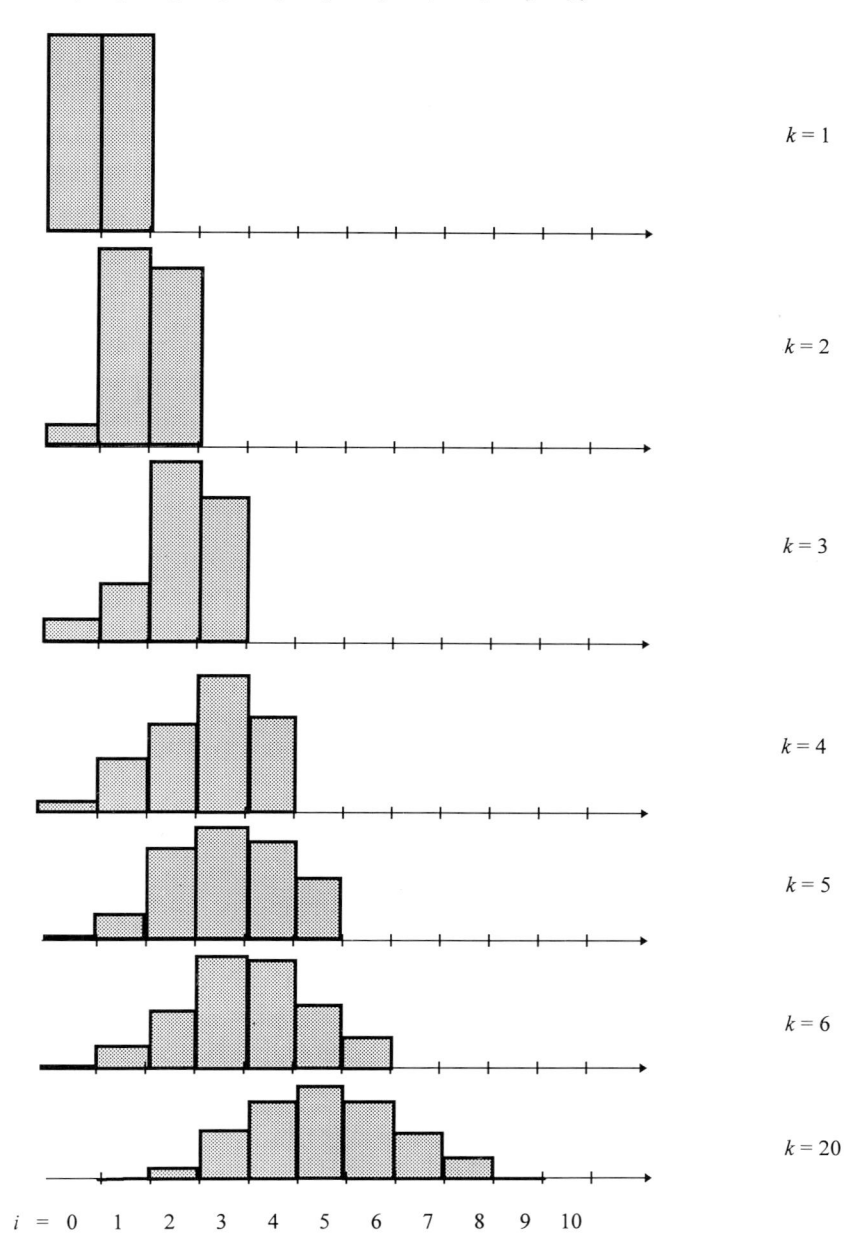

$k = 1$

$k = 2$

$k = 3$

$k = 4$

$k = 5$

$k = 6$

$k = 20$

$i = 0\quad 1\quad 2\quad 3\quad 4\quad 5\quad 6\quad 7\quad 8\quad 9\quad 10$

sondern durch eine Verteilung der Antreffwahrscheinlichkeit gegeben ist: mit $p_0(1) = 0{,}5$ befindet sich in der rechten Hälfte kein Teilchen und mit $p_1(1) = 0{,}5$ ein Teilchen; die Wahrscheinlichkeiten $p_2(1),...,p_{10}(1)$ für 2 und mehr Teilchen in der rechten Hälfte sind aber am Anfang null.

Die Wahrscheinlichkeiten $p_i(k)$ streben hier offensichtlich einer stationären Endverteilung zu, die sich für $k \to \infty$ immer weniger von der Binomialverteilung (vgl. Abbildung 5.3 für 50 Teilchen) unterscheidet.

Die Übergangsmatrix bei dieser Simulation ist gegeben durch

$$M = \begin{pmatrix} 0 & 0{,}1 & 0 & 0 & 0 & 0 & 0 & 0 & 0 & 0 & 0 \\ 1 & 0 & 0{,}2 & 0 & 0 & 0 & 0 & 0 & 0 & 0 & 0 \\ 0 & 0{,}9 & 0 & 0{,}3 & 0 & 0 & 0 & 0 & 0 & 0 & 0 \\ 0 & 0 & 0{,}8 & 0 & 0{,}4 & 0 & 0 & 0 & 0 & 0 & 0 \\ 0 & 0 & 0 & 0{,}7 & 0 & 0{,}5 & 0 & 0 & 0 & 0 & 0 \\ 0 & 0 & 0 & 0 & 0{,}6 & 0 & 0{,}6 & 0 & 0 & 0 & 0 \\ 0 & 0 & 0 & 0 & 0 & 0{,}5 & 0 & 0{,}7 & 0 & 0 & 0 \\ 0 & 0 & 0 & 0 & 0 & 0 & 0{,}4 & 0 & 0{,}8 & 0 & 0 \\ 0 & 0 & 0 & 0 & 0 & 0 & 0 & 0{,}3 & 0 & 0{,}9 & 0 \\ 0 & 0 & 0 & 0 & 0 & 0 & 0 & 0 & 0{,}2 & 0 & 1 \\ 0 & 0 & 0 & 0 & 0 & 0 & 0 & 0 & 0 & 0{,}1 & 0 \end{pmatrix}$$

Die Tendenz hin zur Gleichverteilung und damit der Zeitpfeil der Kette wird bei dieser Matrix darin sichtbar, daß die Übergangswahrscheinlichkeiten für Übergänge zum Wert $i = 5$ hin größer sind als die vom Wert $i = 5$ weg. Es ist aber bemerkenswert, daß die Auswahl der Teilchennummern mit dem Zufallsgenerator in jedem Zeittakt keinen Zeitpfeil enthält.

8.5 Das Selektionsmodell von *Eigen* und *Winkler*

Darwin nannte „fitness" die unterschiedlichen Fähigkeiten von Individuen, zu überleben und zur nächsten Generation beizutragen. Er sprach in diesem Zusammenhang von „survival of the fittest". Fitness war für ihn die Angepaßtheit des Genotyps an die Umwelt. Es liegt nun nahe, die Generationenfolge $k = 1,2,3,...$ mehrerer konkurrierender Populationen i mit relativen Anteilen $p_i(k)$ durch *Markoff*ketten zu beschreiben. Indem man verschiedenen Genotypen (z.B. AA, Aa, aa bei nur zwei Allelen A,a) verschiedene Fitnesswerte (z.B. w_1, w_2, w_3) zuordnet, kann man Übergangsmatrizen $M(w_i)$ in Abhängigkeit von diesen Fitnesswerten aufstellen und untersuchen, wie sich die relativen Anteile der Genotypen aufgrund der individuellen Unterschiede ihrer Werte w_i entwickeln. Falls z.B. a ein letales rezessives Gen ist, die aa-Individuen also nicht lebensfähig sind, die AA-und Aa-Individuen aber gleiche Fitness besitzen, kann man $w_1 = w_2 = 1$ und $w_3 = 0$ setzen und untersuchen, nach wieviel Generationen die Hälfte der letalen a-Gene eliminiert ist.

Eigen und *Winkler* [27] gehen nun der Frage nach, ob sich das Prinzip der Selektion auch durch einen Mechanismus simulieren läßt, der *ohne* unterschiedliche individuelle Fitness auskommt. Es wäre dies ein „Spiel", bei dem zwar mit Sicherheit die *Tatsache* der Selektion vorausgesagt werden kann, nicht dagegen das *Detailergebnis*, nämlich *welches* Gen selektiert wird. Diese Frage besitzt wohl deshalb Bedeutung, weil Selektion als Grundbedingung für die Höherentwicklung des Lebens und damit für eine dem Entropiesatz zuwiderlaufende Tendenz angesehen wird. Wir besprechen zunächst das von *Eigen* und *Winkler* vorgeschlagene „Spiel":

Auf einem quadratischen Brett mit $31 \cdot 31 = 961$ Feldern, dem „Lebensraum", konkurrieren vier Populationen i mit zunächst jeweils 241, 240, 240 und 240 unterscheidbaren Individuen gleicher Fitness nach folgender Regel:

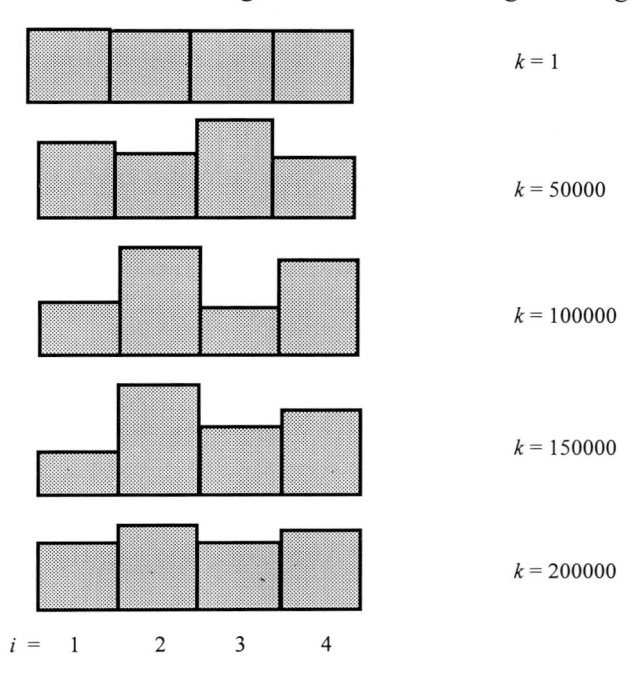

Abbildung 8.6. Entwicklung der relativen Anteile $p_i(k)$ von vier Populationen i nach k Generationen

In einem Zeittakt wird zunächst zufällig eines der 961 Felder gewählt und das dort sitzende Individuum entfernt; dann wird ebenso zufällig ein weiteres Feld gewählt und die Populationsnummer i des dort vorhandenen Individuums festgestellt. Auf das erste Feld wird nun ein neues Individuum mit der mer i des zweiten Felds gesetzt. Die Abbildung 8.6 zeigt die Entwicklung der relativen Anteile $p_i(k)$ bei einer Computersimulation nach 200000 Generationen. Ein Selektionsdruck ist nicht erkennbar, vielmehr schwanken die Populationsanteile willkürlich nach dem **Prinzip des Irrflugs**: danach kann jede Populationszahl mit gleicher Wahrscheinlichkeit und ohne Zeitpfeil angenommen werden; das irreversible Aussterben einer Art ist zwar möglich, aber bei größeren Populationen äußerst unwahrscheinlich. Der Grund dafür liegt darin, daß bei diesem Spiel eine nach k Generationen selten gewordene Art auch nur selten angewählt und damit zur weiteren Reduzierung zur Disposition gestellt wird.

Für den extrem einfachen Fall eines „Lebensraums" aus 6 Plätzen und nur zwei konkurrierenden Arten (r, l) schreiben wir die Übergangsmatrix auf:

$$M = \begin{pmatrix} 1 & \frac{5}{36} & 0 & 0 & 0 & 0 & 0 \\ 0 & \frac{26}{36} & \frac{2}{9} & 0 & 0 & 0 & 0 \\ 0 & \frac{5}{36} & \frac{5}{9} & \frac{1}{4} & 0 & 0 & 0 \\ 0 & 0 & \frac{2}{9} & \frac{1}{2} & \frac{2}{9} & 0 & 0 \\ 0 & 0 & 0 & \frac{1}{4} & \frac{5}{9} & \frac{5}{36} & 0 \\ 0 & 0 & 0 & 0 & \frac{2}{9} & \frac{26}{36} & 0 \\ 0 & 0 & 0 & 0 & 0 & \frac{5}{36} & 1 \end{pmatrix}$$

Gibt es z.B. bei der Generation Nr. k gerade vier Individuen „r" und zwei „l", kurz (4r, 2l) so ergeben sich die Folgezustände für die Generation $k + 1$, (5r, 1l), (4r, 2l) bzw. (3r, 3l) mit den Wahrscheinlichkeiten 2/9, 5/9 bzw. 2/9 gemäß folgender Rechnung:

$$(1\ 1\ r\ r\ r\ r)$$

$$(1\ r\ r\ r\ r\ r) \quad (1\ 1\ r\ r\ r\ r) \quad (1\ 1\ 1\ r\ r\ r)$$

$$p_{21} = \frac{4}{6} \cdot \frac{2}{6} = \frac{2}{9} \qquad p_{22} = \frac{2}{6} \cdot \frac{2}{6} + \frac{4}{6} \cdot \frac{4}{6} = \frac{5}{9} \qquad p_{23} = \frac{2}{6} \cdot \frac{4}{6} = \frac{2}{9}$$

Anwachsen und Abnehmen um eins sind hier für beide Arten unabhängig vom Zustand gleich wahrscheinlich; nur falls eine Art ausstirbt, kann sie nicht neu erzeugt werden.

Das hier vorliegende Verhalten gehört zum Grundtyp des eindimensionalen „Irrflugs" (random walk): man kann die Verteilung $(n \cdot r, (6-n) \cdot l)$ beider Arten umdeuten als Platznummer n eines Teilchens auf einer Skala von 6 Plätzen; $n = 0$ und $n = 6$ nennt man die *absorbierenden Ränder* der Skala. Dem Anwachsen und Sinken der Zahl n entspricht die (reversible) Bewegung des Teilchens auf der Skala zwischen 1 und 5.

Ist nun nur die von *Eigen* und *Winkler* gewählte Spielregel ungünstig, oder kann es überhaupt keine *Markoff*kette mit Selektionscharakter geben?

8.6 Klassifizierung von *Markoff*ketten

Die Theorie der *Markoff*ketten ist umfang- und außerordentlich anwendungsreich. Eine gute Einführung und viele schöne Anwendungsbeispiele, auch die hier angeführten, findet man bei *Arthur Engel* [28]. Da wir uns hier nur für den Bezug der *Markoff*ketten zum Entropiesatz interessieren, wollen wir nur einige Ergebnisse skizzieren:

Man kann drei Klassen von homogenen *Markoff*ketten unterscheiden:

a) die „*ergodischen*": nach sehr vielen Übergängen ergibt sich eine stationäre Endverteilung p_i der Wahrscheinlichkeiten $p_i(k)$, unabhängig von der Anfangsverteilung $p_i(1) = \vec{p}(1)$:

$$\lim_{k \to \infty} p_i(k) = p_i, \text{ so daß } \boldsymbol{M} \cdot \vec{p} = \vec{p}.$$

Wie in [28] gezeigt wird, ist das Modell von *Ehrenfest* ergodisch mit der Binomialverteilung als Endverteilung. Ergodische *Markoff*ketten besitzen einen Zeitpfeil.

b) die „*periodischen*": nach jeweils einer Zahl r ergibt sich wieder die ursprüngliche Verteilung:

$$p_i(k) = p_i(k + r).$$

c) die „*Irrfahrt*"- oder „*random walk*"-Ketten: Im Grundmodell bewegt sich hier ein Teilchen auf einer Skala zufällig jeweils eine Einheit nach rechts oder links pro Zeittakt. Besitzt die Skala absorbierende Ränder, so bleibt es dort hängen. Die Wahrscheinlichkeit hierfür nimmt ab mit der Länge der Skala. Diese Klasse von *Markoff*ketten besitzt ebenfalls keinen Zeitpfeil.

Wichtig für die biologische Evolution ist nun die Feststellung, daß *Markoff*ketten ohne Zeitpfeil keinen echten Selektionsvorgang simulieren können, höchstens das – äußerst seltene – zufällige Aussterben einer Art. Ergodische Ketten ohne Fitnessfaktoren w_i besitzen andererseits immer nur genau *eine* stationäre Endverteilung $\vec{p}$. Ergebnisoffene Selektion als Mechanismus ohne Bezug zur Individualität und ohne Bezug zu Vorbedingungen aus früheren Generationen kann es also nicht geben.

Man kann dies auch mit dem Entropiesatz begründen: Entwickelt sich z.B. eine Population mit vier Arten von der Gleichverteilung $p_i(1) = ¼$ hin zur Endverteilung $\vec{p} = (1,0,0,0)$, so nimmt die Entropie h nach (32) um 2 bit ab. Durch eine *Markoff*kette, mit der ein Zuwachs des Informationsgehalts verknüpft ist, kann diese Entwicklung nicht beschrieben werden. Mit dem Entropiesatz vereinbar wäre dagegen eine Evolution (wie sie z.B. im Amazonasbecken über Jahrmillionen stattfand), bei der die Artenvielfalt immer weiter zunimmt.

8.7 Homogene *Markoff*prozesse

Unsere bisherige Betrachtungsweise kann man anhand des folgenden Beispiels veranschaulichen: Läuft ein Käfer zufällig über ein Blatt kariertes Papier, so haben wir für jede Sekunde k die Nummer i des Karos, auf dem er gerade sitzt, notiert und dafür eine Wahrscheinlichkeit $p_i(k)$ angegeben. Wir wollen nun die Bewegung des Käfers möglichst genau erfassen; dazu ersetzen wir die Sekundennummer k durch eine reelle Zeitvariable t und die Platznummer i durch eine (eindimensionale) reelle Ortsvariable x. Die Wahrscheinlichkeiten $p_i(k)$ gehen dann über in Wahrscheinlichkeitsdichten $f(x,t)$, die man als **Prozesse** bezeichnet. Wir wollen sie als genügend oft differenzierbar ansehen. Wir benutzen für die partiellen Ableitungen von f (vgl. 4.5 und 6.1) die Indexschreibweise, d.h., es ist

$$\frac{\partial f(x,t)}{\partial x} = f_x(x,t) \quad \text{und} \quad \frac{\partial f(x,t)}{\partial t} = f_t(x,t).$$

Die Übergangswahrscheinlichkeiten p_{ij} sind durch Übergangswahrscheinlichkeitsdichten zu ersetzen, die ebenfalls problemlos differenzierbar sein sollen. Sie besitzen allerdings vier unabhängige Variable x,t,y,τ nach der folgenden Festlegung: $f(x,t,y,\tau)$ sei die bedingte Wahrscheinlichkeitsdichte für das Eintreten des Ereignisses y zur Zeit τ, falls das Ereignis x zur Zeit t mit $t < \tau$ eingetreten ist. In unserem Beispiel ist $f(x,t,y,\tau)$ die Übergangsdichte, den Käfer zur Zeit τ am Ort y zu registrieren, wenn er zur Zeit t am Ort x war.

Wir untersuchen nun wiederum nur *homogene* Übergangsdichten mit der Eigenschaft, daß $f(x,t,y,\tau) = f(u,t,\tau)$ ist, wobei $u = y - x$ den Ortsunterschied zwischen x und y bedeutet. Das heißt, daß es auf der Ortsachse keine ausgezeichneten Stellen gibt.

Die *Markoff*gleichung (74),

$$p_{ij}(m) = \sum_{k=1}^{n} p_{ik}(l) \cdot p_{kj}(m-l)$$

für die Übergangswahrscheinlichkeiten p_{ij} nach l, $(m-l)$ bzw. m Zeittakten geht über in die folgende Integralgleichung:

$$f(u,t,\tau) = \int_{-\infty}^{+\infty} f(w,t,s) \cdot f(u-w,s,\tau) \cdot dw. \qquad (75)$$

Dabei ist s eine Zeit zwischen t und τ, wobei gilt $t < s < \tau$, und w ist eine beliebige „Zwischenposition", die auch außerhalb des Intervalls $[x,y]$ liegen kann, und die zur Zeit s eingenommen wird. Der Übergang von einer beliebigen, zur Zeit t eingenommenen Position x zu einer neuen, um u entfernten Position zur späteren Zeit τ wird damit beschrieben durch eine Art *Pfadregel* oder auch *Superpositionsprinzip*:

Man erhält die Übergangsdichte $(x, t) \to (y, \tau)$ durch Summation über alle zusammengesetzen Übergangsdichten mit Zwischenstationen (w, s).

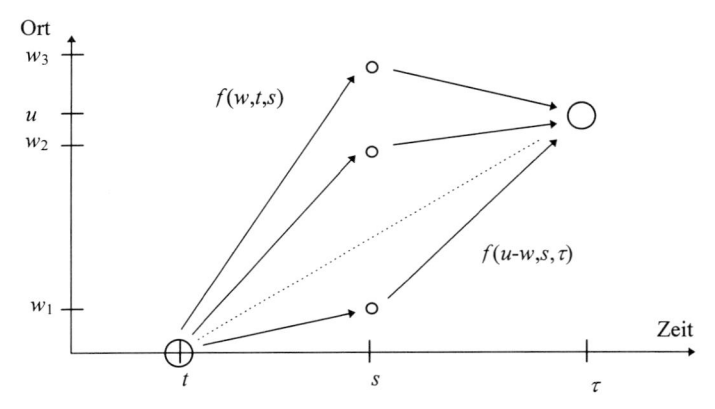

Abbildung 8.7. Veranschaulichung der Pfadregel (75) für $x = 0$

Die Gleichung (75) beinhaltet eines der grundlegendsten Prinzipien der Physik: In der Wellentheorie ist (75) die mathematische Formulierung des **Huygensschen Prinzips**, wenn man f als relative Elongation von Elementarwellen auffaßt; deutet man f als quantenmechanische Wahrscheinlichkeitsamplitude ψ, so ist (75) die **Propagatorgleichung**, die der *Schrödinger*-Differentialgleichung entsprechende Integralgleichung. Aufgrund von (75) ist es möglich, Dissipationsvorgänge bei Wellen und quantenmechanischen Objekten zu beschreiben.

8.8 Der *Wiener*sche Prozeß

Der nach *N. Wiener* benannte Prozeß ist ein rein stetiger, homogener *Markoff*prozess, der unmittelbar zur Differentialgleichung der Diffusion hinführt. Die saubere mathematische Behandlung ist wohl in der Schule schwierig zu leisten [29]; der *Wiener*sche Prozeß als ***der*** entropievermehrende Prozeß schlechthin soll hier aber immerhin vorgestellt und erläutert werden.

Die Eigenschaft der „reinen Stetigkeit" kann durch die folgende Gleichung ausgedrückt werden: Für jedes $\varepsilon > 0$ gilt

$$\lim_{\Delta t \to 0} \frac{1}{\Delta t} \int_{|u| \geq \varepsilon} u^2 \cdot f(u, t, t + \Delta t) \cdot du = 0 \, . \tag{76}$$

Anschaulich besagt (76), daß der Prozeß keine „Sprünge" macht, daß also für jedes noch so kleine ε die Übergangsdichten für Wegstrecken u größer als ε null werden, wenn die zur Verfügung stehende Zeit gegen null strebt.

Die folgenden Gleichung (77) bezieht sich auf die „Driftgeschwindigkeit" $v_D(t)$, die der im Bereich $|u| < \varepsilon$ ermittelte Erwartungswert des Ortes besitzt:

$$\lim_{\Delta t \to 0} \frac{1}{\Delta t} \int_{|u| < \varepsilon} u \cdot f(u, t, t + \Delta t) \cdot du = v_D(t) \tag{77}$$

Die nachfolgende Gleichung (78) beschreibt das „Breitfließen" des Prozesses mit Hilfe der zeitlichen Änderung $\sigma^2(t)$ der Varianz:

$$\lim_{\Delta t \to 0} \frac{1}{\Delta t} \int_{|u| < \varepsilon} u^2 \cdot f(u, t, t + \Delta t) \cdot du = \sigma^2(t) \, . \tag{78}$$

Es gilt nun der folgende Satz: Die Dichtefunktion $f(u, t, \tau)$ erfüllt die Differentialgleichung

$$f_t = -v_D(t) \cdot f_u + \frac{1}{2} \cdot \sigma^2(t) \cdot f_{uu}. \qquad (79)$$

Die Gleichung (79) stellt eine spezielle Form der *Fokker-Planck*-Gleichung dar [30]. Sie ist eine lineare, homogene, partielle Differentialgleichung zweiter Ordnung.

Die Herleitung von (79) wird in 8.10 nachgetragen. Hier wollen wir anschaulich untersuchen, wie diese Differentialgleichung „funktioniert": Wir stellen uns dazu einen Bienenschwarm um eine frei fliegende Bienenkönigin vor, der je nach dem Abstand zur Königin u veränderliche „Bienendichten" f besitzt, die auch von der Zeit t abhängen. Die Königin fliegt mit der Driftgeschwindigkeit $v_D(t)$. Man kann nun eine Transformation der Orts- und Zeitvariablen u, t so vornehmen, daß $v_D(t)$ null wird; anschaulich heißt das, daß man jeweils neben der Bienenkönigin mitfliegt. Die Gleichung (79) reduziert sich dann auf die **Diffusionsgleichung**

$$f_t = \frac{1}{2} \cdot \sigma^2(t) \cdot f_{uu}. \qquad (80)$$

Wählt man speziell in der Übergangsdichte $f(u, \tau, \tau + t)$ die Startzeit $\tau = 0$ und nimmt die zeitliche Änderung der Varianz, $\sigma^2(t) = \sigma^2$ als konstant an, (vgl. hierzu das Diffusionsgesetz von *Einstein* in Abschnitt 9.1), so sind die Dichtefunktionen $f(u,t)$, die der Diffusionsgleichung (80) genügen, alle der Gestalt

$$f(u,t) = \frac{1}{\sigma\sqrt{2\pi t}} \exp(-\frac{u^2}{2t\sigma^2}). \qquad (81)$$

Man kann das durch Ableiten und Einsetzen in (80) bestätigen. Die Abbildung 8.8 zeigt $f(u,t)$ für $\sigma = 1$ und $t = 0,2$ und 1.

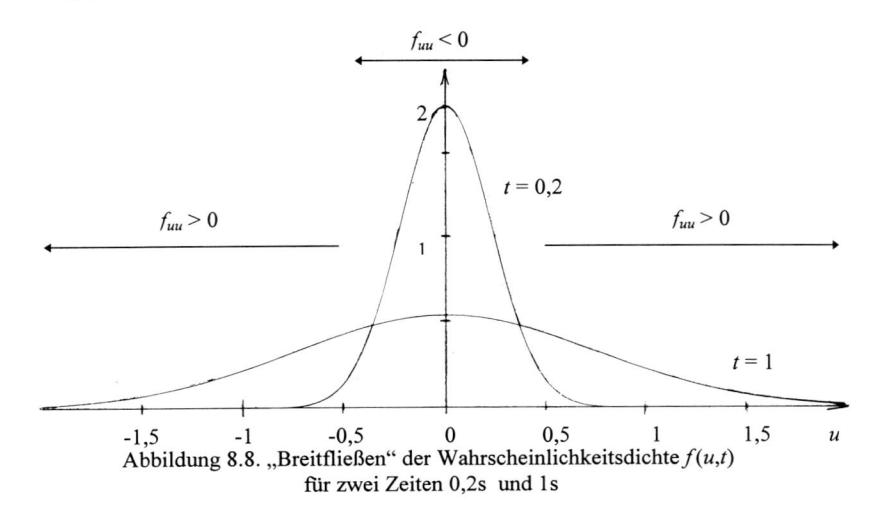

Abbildung 8.8. „Breitfließen" der Wahrscheinlichkeitsdichte $f(u,t)$ für zwei Zeiten 0,2s und 1s

Der dargestellte Prozeß entspricht dem Ausschwärmen eines Bienenschwarms, ausgehend von einem kleinen Bereich hoher Dichte, oder der Diffusion eines Duftstoffs aus einem Parfümfläschchen in einem Zimmer. Die Arbeitsweise von (80) läßt sich anschaulich erklären: Für Bereiche u von f, deren Krümmung f_{uu} positiv ist, – in Abb. 8.8 also in den Außenbereichen – wird die zeitliche Änderung von f, f_t positiv, und f wächst mit der Zeit an; umgekehrt verhält es sich im Zentralbereich, dem Bereich mit negativer Krümmung von f. Dieses Verhalten hängt nicht ab von der speziellen Wahl der Zeitabhängigkeit von $\sigma^2(t)$.

Da die Differentialgleichung (80) linear ist, sind auch alle Linearkombinationen von (81) Lösungen. Eine besonders anschauliche Lösung ist die *Gauß*sche Fehlerfunktion $\Phi(u,t)$, bei der alle Linearkoeffizienten 1 sind:

$$\Phi(u,t) = \int_{-\infty}^{u} f(x,t) \cdot dx .$$

Der durch Φ dargestellte Konzentrationsausgleich der Wahrscheinlichkeitsdichten entspricht genau den in Abschnitt 4.3, 4.4 und 4.6 behandelten Ausgleichsvorgängen bei der Diffusion, der Entmagnetisierung und dem Wärmeausgleich.

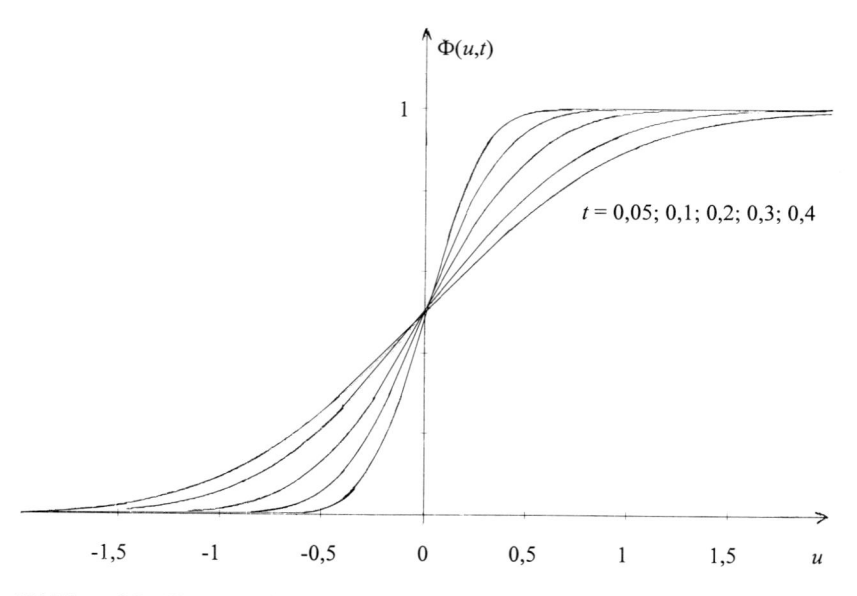

Abbildung 8.9. „Konzentrationsausgleich" der Wahrscheinlichkeitsdichte $\Phi(u,t)$, ausgehend von einem Anfangszustand, bei dem die Dichte $\Phi(u,0) = 0$ ist für $u < 0$

Die Diffusionsgleichung (80) wird oft hergeleitet mit Hilfe des Begriffs der **Wahrscheinlichkeitsstromdichte** $j(u,t)$. Um diesen Begriff zu veranschaulichen, denken wir uns einen Schwarm von Teilchen, die sich mit individuellen Geschwindigkeiten in u-Richtung nach rechts oder links bewegen können. Wie bei einem Tunnel können sie dabei in einen Bereich ΔV hinein fliegen oder aus ihm heraus fliegen. Die Flächen der Tunnelportale sei jeweils A. Die Anzahl der Teilchen, die sich im Innern des Tunnelbereichs, also in ΔV, aufhalten, entspricht nun der Größe der Wahrscheinlichkeitsdichte f, dort Teilchen aufzufinden, und die Anzahl der Teilchen, die pro Zeiteinheit die Tunnelportale mit Fläche A durchfliegen, ist der Wahrscheinlichkeitsstromdichte j durch die Flächen A zugeordnet. Die Dimension von f ist demnach m^{-3}, die von j ist $m^{-2}s^{-1}$.

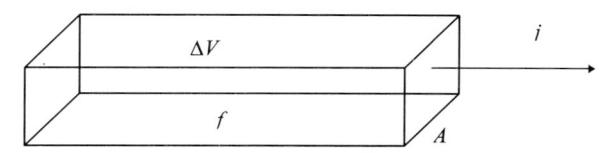

Abbildung 8.10. Veranschaulichung des Begriffs der Wahrscheinlichkeitsstromdichte j

Für j gilt die sogenannte **Kontinuitätsgleichung**:

$$f_t(u,t) = -j_u(u,t). \qquad (82)$$

Sie drückt die Erhaltung der Teilchenzahl aus; falls z.B. aus dem Volumen ΔV am rechten Tunnelportal mehr Teilchen in Richtung positiver Werte von u ausströmen als nach links hinein nachfließen, so nimmt der Teilchenstrom nach rechts hin zu und $j_u(u,t)$ ist positiv; gleichzeitig muß dann die Teilchenzahl in ΔV zeitlich abnehmen, so daß $f_t(u,t)$ negativ wird. Die Herleitung von (82) findet man z.B. in [31].

Eine einfache Herleitung der Diffusionsgleichung (80) erhält man nun, wenn man voraussetzt, daß für $j(u,t)$ das *Fick*sche Gesetz gilt:

$$j(u,t) = -D \cdot f_u(u,t).$$

Danach wird als ad-hoc-Grundtatsache postuliert, daß der Teilchentransport in der Diffusion angetrieben wird durch Gefälle in der Teilchenzahldichte, wobei die Diffusionskonstante D den Proportionalitätsfaktor darstellt. Entsprechend sind dann Gefälle der Wahrscheinlichkeitsdichte f in u-Richtung verantwortlich für das Entstehen von Wahrscheinlichkeitsströmen mit Dichten j.

Leitet man $j(u,t)$ im *Fick*schen Gesetz nach u ab und setzt in die Kontinuitätsgleichung ein, so erhält man (80). In unserem Aufbau erscheint das *Fick*sche Gesetz als abgeleitet aus der ungleich grundlegenderen *Markoff*gleichung (75), in der sich das Anwachsen der Entropie des Systems wiederspiegelt.

8.9 Entropiezunahme beim *Wiener*schen Prozeß

Bei eindimensionalen homogenen Prozessen bedeutet $f(u,t)$ die Wahrscheinlichkeitsdichte für ein Ereignis an der Stelle u zur Zeit t, bezogen auf ein Anfangsereignis an der Stelle $u = 0$ zur Zeit $t = 0$. Entsprechend zur Formel (13), $h = -\log_2(p)$ für den Informationsgehalt h eines Ereignisses mit der Wahrscheinlichkeit p, können wir nun auch einen Informationsgehalt h bzw. eine Entropie s zur Dichte f definieren: $h = -\log_2(f)$ bzw. $s = -k \cdot \ln(f)$. Bei unterschiedlichen Wahrscheinlichkeiten p_i ($i = 1,..,k$) haben wir in 4.2 die Formel von *Shannon* (32) benutzt, um den durchschnittlichen Informationsgehalt zu berechnen. Den unterschiedlichen Werte von i entsprechen nun die Werte der stetigen Variablen u, so daß die Summe in (33) in ein Integral übergeht:

$$s(t) = -k \cdot \int_{-\infty}^{+\infty} f(u,t) \cdot \ln f(u,t) \cdot du. \qquad (83)$$

Wir zeigen, daß $s(t)$ streng monoton wächst, wenn für f die Gleichung (79) gilt: (Die Argumente (u,t) werden der Kürze wegen weggelassen)

$$\frac{1}{k} \cdot \frac{ds}{dt} = -\int_{-\infty}^{+\infty} \left[f_t \cdot \ln f + f \cdot \frac{f_t}{f} \right] \cdot du$$

$$= -\int_{-\infty}^{+\infty} f_t \cdot [\ln f + 1] \cdot du$$

$$= v_D(t) \cdot \int_{-\infty}^{+\infty} f_u \cdot [\ln f + 1] \cdot du - \frac{1}{2} \cdot \sigma^2(t) \cdot \int_{-\infty}^{+\infty} f_{uu} [\ln f + 1] \cdot du$$

$$= -v_D(t) \cdot \int_{-\infty}^{+\infty} f \cdot \left[\frac{f_u}{f} \right] \cdot du + \frac{1}{2} \sigma^2(t) \cdot \int_{-\infty}^{+\infty} f_u \cdot \left[\frac{f_u}{f} \right] \cdot du$$

$$= -v_D(t) \cdot \int_{-\infty}^{+\infty} f_u \cdot du + \frac{1}{2} \cdot \sigma^2(t) \cdot \int_{-\infty}^{+\infty} f \cdot \left[\frac{f_u}{f} \right]^2 \cdot du.$$

In der dritten Zeile wird (79) eingesetzt und in der vierten eine partielle Integration durchgeführt; dabei wird verwendet, daß $\lim_{u \to \pm\infty} f(u,t) = 0$ ist, so daß die Terme der Art $[u \cdot v]_{-\infty}^{+\infty}$ wegfallen. Der erste Summand in der letzten Zeile ist nun immer null, da $\int_{-\infty}^{+\infty} f \cdot du = 1$ ist. Der Integrand des zweiten Summanden ist positiv, da $f \geq 0$ und das Quadrat auch positiv ist. Damit ist $\frac{ds(t)}{dt} > 0$, und nach dem Monotoniesatz ist $s(t)$ streng monoton wachsend.

Bei homogenen *Markoff*prozessen wächst also die Entropie zeitlich an.

Setzt man als Anwendungsbeispiel in (83) speziell die Wahrscheinlichkeitsdichte (81) ein und berechnet das Integral mit Hilfe der Beziehung für die Varianz $V(t)$ von f, $V(t) = \int u^2 \cdot f(u,t) \cdot du = t \cdot \sigma^2$, so erhält man für $s(t)$

$$s(t)/k = \ln\sqrt{2\pi \cdot \sigma^2 \cdot t} + \frac{1}{2}.$$

Diese Funktion ist streng monoton wachsend.

8.10 Zur Herleitung der *Fokker-Planck*-Gleichung

Wir erläutern hier noch als Nachtrag die Rechenschritte, durch die man aus der *Markoff*gleichung (75) die *Fokker-Planck*-Gleichung (79) herleiten kann:
Wir schreiben die *Markoff*gleichung (75) in der Form

$$f(u,\tau,t+\Delta t) = \int_{-\infty}^{+\infty} f(u-w,\tau,t) \cdot f(w,t,t+\Delta t) dw$$

und entwickeln $f(u-w,\tau,t)$ in eine Taylorreihe:

$$f(u-w,\tau,t) = f(u,\tau,t) - w \cdot f_u + \frac{1}{2} \cdot w^2 \cdot f_{uu} + R(w).$$

Dabei ist $R(w)$ das Restglied.
Wir setzen diese Reihe in die *Markoff*gleichung ein und erhalten

$$\frac{f(u,\tau,t+\Delta t)}{\Delta t} = \frac{f(u,\tau,t)}{\Delta t} \cdot \int_{-\infty}^{+\infty} f(w,t,t+\Delta t) \cdot dw - f_u \cdot \frac{1}{\Delta t} \cdot \int_{-\infty}^{+\infty} w \cdot f(w,t,t+\Delta t) \cdot dt$$

$$+ \frac{1}{2} f_{uu} \cdot \frac{1}{\Delta t} \cdot \int_{-\infty}^{+\infty} w^2 f(w,t,t+\Delta t) \cdot dt + J(u),$$

wobei $\quad J(u) = \frac{1}{\Delta t} \cdot \int_{-\infty}^{+\infty} R(w) \cdot f(w,t,t+\Delta t) \cdot dw \quad$ ist.

Nun ist $\int_{-\infty}^{+\infty} f(u,t,t+\Delta t) \cdot dw = 1$, so daß der erste Summand auf der rechten Seite der Gleichung einfach $f(u,\tau,t)/\Delta t$ lautet und - subtrahiert - für den Grenzfall $\Delta t \to 0$ zur Zeitableitung links beiträgt. Die beiden Integrale in den folgenden Summanden streben nun für $\Delta t \to 0$ gemäß (77) und (78) gegen $v_D(t)$ bzw. $\sigma^2(t)$. Man kann schließlich zeigen [29], daß aufgrund von (76) das Restintegral $J(u)$ für $\Delta t \to 0$ gegen null strebt; damit ergibt sich die *Fokker-Planck*-Gleichung (79).

9. Entropiekräfte

Der „Drang" der Natur zum Ausgleich führt dazu, daß wir in vielen Systemen Kräfte wahrnehmen können, die im Zusammenhang mit den Ausgleichsvorgängen auftreten. Wir nennen einige Beispiele:

- Das Bestreben von Gasen nach Ausgleich von Dichteschwankungen führt zur Wahrnehmung von **Druckkräften**.
- Die Tendenz langer Molekülketten zum Verknäueln führt zur Eigenschaft der **Gummielastizität**.
- Das Diffusionsverhalten von Ionen in Elektrolyten führt zur *Helmholtzschen* „**EMK**", der „elektromotorischen Kraft", d.h. in heutiger Sprechweise zum Aufbau von Redoxpotentialen.
- Die Diffusion von Elektronen an der Grenzschicht zwischen unterschiedlich dotierten Halbleitern führt zum elektrischen Feld in der Grenzschicht und damit zum **Stromantrieb in Solarzellen**.

Da das Verhalten aller dieser Systeme mit Hilfe des Begriffs der Entropie beschrieben werden kann, muß es auch möglich sein, einen allgemeinen, durch die Entropie festgelegten Kraftbegriff zu definieren. Dies wird in diesem Abschnitt untersucht. Zur Vorbereitung betrachten wir zunächst noch einmal einen Diffusionsvorgang.

9.1 Das Diffusionsgesetz von *Einstein*

Das zeitlich irreversible Verhalten einfacher Systeme hat zu Beginn dieses Jahrhundert die Physiker fasziniert. So wurde z. B. die von dem Botaniker *Robert Brown* beschriebene Zitterbewegung, welche kleine Teilchen, z.B. Rauchteilchen, in Luft unter dem Mikroskop zeigen, intensiv erörtert. Die Aufklärung der „*Brown*schen Bewegung" gelang 1905 *Albert Einstein*, in dem Jahr, in dem er auch seine bahnbrechenden Arbeiten über die Quantennatur des Lichts und die Spezielle Relativitätstheorie veröffentlichte.

Wir betrachten als Einführung eine einfache Computersimulation: 99 Teilchen sitzen zu Beginn alle in der Mitte der Bildschirmfläche. Jedes Teilchen hat nun in einem Zeittakt – unabhängig von den anderen Teilchen – die Möglichkeit, wie ein König im Schachspiel, eine der acht möglichen Nachbarpositionen anzuspringen oder auf seinen Platz zu bleiben. Alle diese Optionen besitzen die gleiche Wahrscheinlichkeit. Die Abbildung 9.1 zeigt den zeitlichen Ablauf eines derartigen Diffusionsspiels. Die Zahlen bedeuten dabei die Anzahl der Teilchen auf dem jeweiligen Planquadrat der Bildschirmfläche.

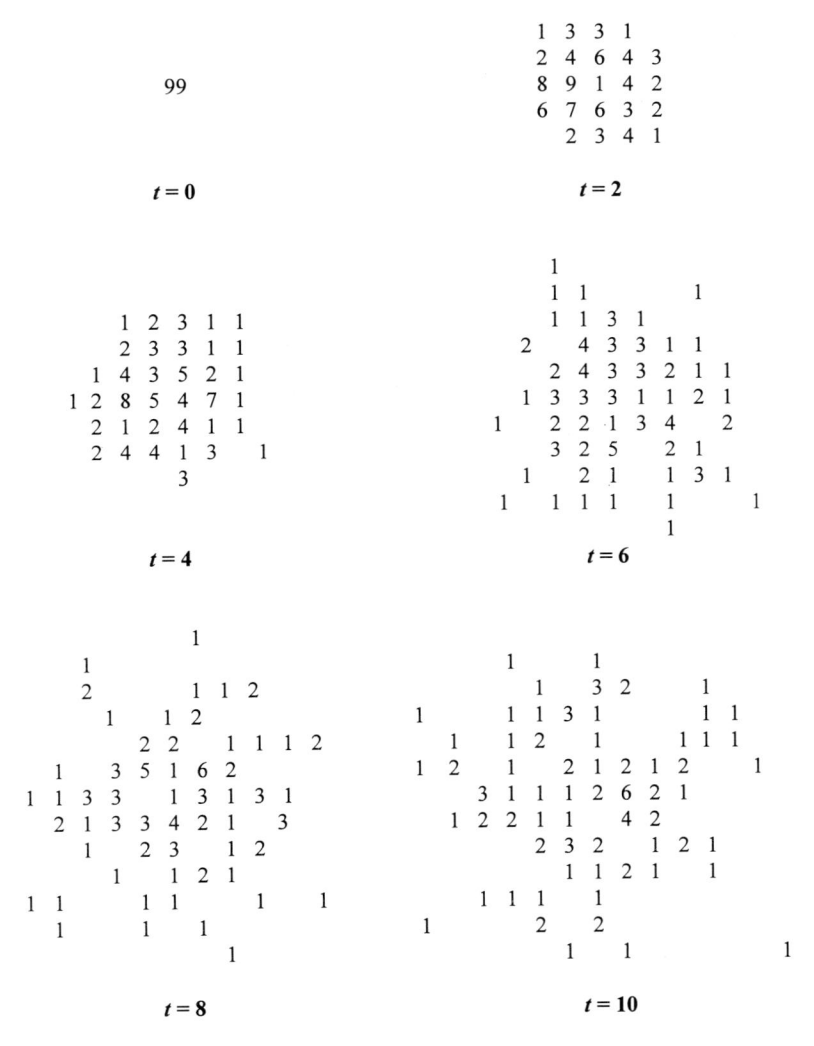

```
                                                     1 3 3 1
                                                     2 4 6 4 3
              99                                     8 9 1 4 2
                                                     6 7 6 3 2
                                                     2 3 4 1

             t = 0                                    t = 2
```

```
                                                     1
                                                     1 1              1
              1 2 3 1 1                              1 1 3 1
              2 3 3 1 1                          2     4 3 3 1 1
            1 4 3 5 2 1                                2 4 3 3 2 1 1
          1 2 8 5 4 7 1                            1 3 3 3 1 1 2 1
              2 1 2 4 1 1                        1     2 2 1 3 4     2
              2 4 4 1 3   1                            3 2 5   2 1
                    3                                1   2 1   1 3 1
                                                 1   1 1 1     1         1
                                                                 1

             t = 4                                    t = 6
```

```
                      1
            1                                          1     1
            2           1 1 2                          1   3 2         1
              1       1   2                       1      1 1 3 1         1 1
                  2 2     1 1 1 2             1        1 2   1           1 1 1
        1       3 5 1 6 2                      1 2   1   2 1 2 1 2         1
    1 1 3 3       1 3 1 3 1                          3 1 1 1 2 6 2 1
      2 1 3 3 4 2 1       3                        1 2 2 1 1     4 2
              1   2 3     1 2                          2 3 2     1 2 1
                  1   1 2 1                            1 1 2 1       1
        1 1       1 1         1     1            1 1 1     1
          1       1   1                                2   2
                              1                        1     1              1

             t = 8                                   t = 10
```

Abbildung 9.1. Simulation eines Diffusionsvorgangs. Zu Beginn sitzen 99 Teilchen in der Mitte eines schachbrettartig eingeteilten Feldes. In jedem Zeittakt kann sich unabhängig jedes Teilchen wie ein König im Schachspiel um eine Position fortbewegen. Die Zahlen bedeuten die Anzahlen der Teilchen in den jeweiligen Planquadraten. Nur jeder zweite Zeittakt ist dargestellt.

Die Bewegung der Teilchen in der Ebene kann in zwei Teilbewegungen in horizontale und vertikale Richtung zerlegt werden. Die Teilbewegungen können als eindimensionale *Irrfahrt*- oder *random walk* - Vorgänge beschrieben werden (vgl. Abschnitt 8.6); allerdings ist die Matrix M mit den Übergangswahrscheinlichkeiten unendlich groß, da die Ebene nicht begrenzt ist:

$$M = \begin{pmatrix} \frac{1}{3} & 0 & 0 & 0 & .. \\ \frac{1}{3} & \frac{1}{3} & 0 & 0 & .. \\ \frac{1}{3} & \frac{1}{3} & \frac{1}{3} & 0 & .. \\ 0 & \frac{1}{3} & \frac{1}{3} & \frac{1}{3} & .. \\ .. & .. & .. & .. & .. \end{pmatrix}$$

Das „Zerfließen" der Teilchendichte drückt sich aus in einem zeitlichen Anwachsen der Varianz der Verteilung der Ortshäufigkeiten. Zur mathematischen Beschreibung ordnen wir jedem Planquadrat der Ebene seine Koordinaten (i,j) zu, wobei i und j ganze Zahlen sind. Die Ausgangslage für alle Teilchen ist $(i,j) = (0,0)$. Das Abstandsquadrat d_k^2 des Teilchens Nr. k zur Ausgangslage wird somit $d_k^2 = i^2 + j^2$ und die Varianz $V(t)$ zu einem Zeittakt t berechnet sich gemäß

$$V(t) = \frac{1}{99} \sum_{k=1}^{99} d_k^2 . \qquad (84)$$

Die Abbildung 9.2 zeigt $V(t)$ in Abhängigkeit vom Zeittakt t bei unserer Simulation von Abb. 9.1. Man erkennt, daß $V(t)$ in guter Näherung proportional zur Zeit anwächst.

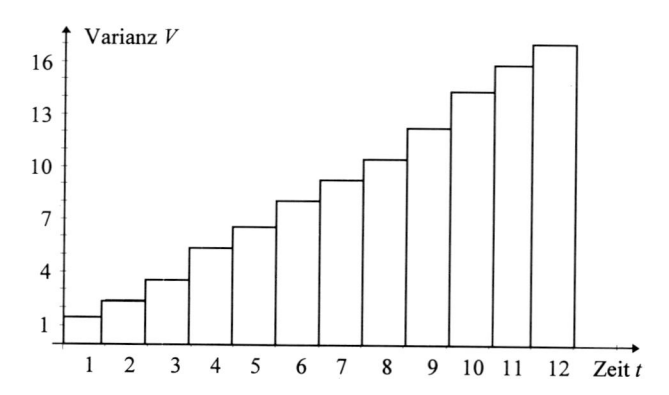

Abbildung 9.2. Anwachsen der Varianz $V(t)$ der Ortsverteilung der Teilchen des Simulationsexperiments von Abb. 9.1 mit der Zeit t

Die Aussage, daß die Varianz bei allen derartigen Irrfahrt-Vorgängen proportional zur Zeit anwächst, daß also $V \sim t$ ist, wird als **Gesetz von *Einstein*** bezeichnet.

Wir leiten nun das Gesetz von *Einstein* für die eindimensionale Irrfahrt eines Teilchens der Masse m auf der x-Achse mit Hilfe der Bewegungsgleichung $K_{res} = m \cdot a = m \cdot \ddot{x}$ her. Der Buchstabe K wird benutzt, um Verwechslungen mit der Freien Energie F zu vermeiden. Dabei ersetzen wir den Zeittakt der Länge 1 durch eine sehr kleine mittlere Stoßzeit τ (vgl. Abschnitt 1.13), die mit der Dichte und der mittleren freien Weglänge der Gasteilchen verknüpft ist.

Wir benötigen zur Simulation zwei Arten von Kräften K:

1. Eine sprunghaft mit der Zeit t ihre Richtung und Größe wechselnde Zufallskraft $K(t)$, die die zufällige Bewegung des Teilchens verursacht.
2. Eine Reibungskraft R, die das durch K beschleunigte Teilchen nach der Taktzeit τ wieder (fast) zur Ruhe abbremst. Lassen wir K außer Betracht, so soll für den Ort $x(t)$ eines Teilchens, das sich zur Zeit $t = 0$ an der Stelle x_0 befindet, gelten

$$x(t) = x_0 + 1 - \exp(-\frac{t}{\tau}), \text{ was für } t > \tau \text{ zu } x(t) \approx x_0 + 1 \text{ führt, bzw.}$$

$$x(t) = x_0 - 1 + \exp(-\frac{t}{\tau}), \text{ was für } t > \tau \text{ den Ort } x(t) \approx x_0 - 1 \text{ ergibt.}$$

Beide Gleichungen erfüllen nun die Differentialgleichung $\ddot{x} = -\frac{1}{\tau} \cdot \dot{x}$, wie man durch Einsetzen nachrechnen kann.

Die Bewegungsgleichung lautet damit

$$m \cdot \ddot{x} = K - \frac{m}{\tau} \cdot \dot{x}.$$

Wir benutzen nun die beiden folgenden Identitäten:

$$x \cdot \dot{x} = \frac{1}{2} \frac{d}{dt} x^2 \qquad \text{und} \qquad x \cdot \ddot{x} = \frac{d}{dt} x \cdot \dot{x} - \dot{x}^2 = \frac{1}{2} \frac{d^2 x^2}{dt^2} - v^2.$$

Die mit x multiplizierte Bewegungsgleichung ergibt sich damit zu

$$\frac{1}{2} m \frac{d^2 x^2}{dt^2} + \frac{m}{2 \cdot \tau} \frac{d}{dt} x^2 = K \cdot x + m \cdot v^2.$$

Wir integrieren diese Gleichung nun nach der Zeit t und dividieren dann durch t. Dies entspricht der Bildung des *zeitlichen Mittelwerts*. Falls nun t sehr viel größer ist als die Taktzeit τ, ergibt sich für die beiden Terme auf der rechten Seite folgendes:

$-\frac{1}{t}\int_0^t K(t)\cdot x\cdot dt = 0$, da die Zufallskraft K in der Zeitspanne von 0 bis t sehr oft das Vorzeichen gewechselt hat und der zeitliche Mittelwert von $K\cdot x$ null ist.

$-\frac{1}{t}\int_0^t m\cdot v^2\cdot dt = k\cdot T$, denn links steht gerade der zeitliche Mittelwert der doppelten Bewegungsenergie, der nach (4) über die *Boltzmann*-Konstante k mit der Temperatur T verknüpft ist.

Multipliziert man nun wieder mit t, so ergibt sich die Differentialgleichung

$$\frac{1}{2}m\frac{d}{dt}x^2 + \frac{m}{2\cdot\tau}x^2 = k\cdot T\cdot t$$

für die Variable $x^2(t)$. Man kann durch Ableiten und Einsetzen bestätigen, daß sie die Lösung

$$x^2(t) = \frac{2\cdot k\cdot T\cdot \tau}{m}(t-\tau)$$

besitzt. Wir haben bei dieser Herleitung den *zeitlichen* Mittelwert von x^2 für *ein* Teilchen berechnet; es ist anschaulich klar, wenn auch nicht leicht zu beweisen, daß dieser Mittelwert identisch ist mit dem *Scharmittel* $V(t) = \overline{x^2}(t)$, das man erhält, wenn man zu *einer* festen Zeit t den Mittelwert von x^2 über *alle* gleichartigen Teilchen eines Ensembles nimmt. Falls gilt $t \gg \tau$, kann man τ in der Klammer weglassen und erhält das *Einstein*sche Diffusionsgesetz

$$V(t) = \overline{x^2}(t) = \frac{2\cdot k\cdot T\cdot \tau}{m}\cdot t. \qquad (85)$$

In Abschnitt 8.8, Gleichung (78) haben wir die zeitliche Änderung der Varianz eines homogenen Markoffprozesses mit $\sigma^2(t)$ bezeichnet und in Gleichung (81) zunächst ohne Begründung angenommen, daß sie konstant ist. Dann gilt $V(t) = \sigma^2\cdot t$. Wir können nun durch Vergleich mit (85) diese Annahme rechtfertigen und erhalten

$$\frac{1}{2}\sigma^2 = \frac{k\cdot T\cdot \tau}{m}. \qquad (87)$$

Dieses Ergebnis ist anschaulich einleuchtend: Bei hoher Temperatur ist das Streben nach „Dissipation" stärker, genauso bei Teilchen mit kleiner Masse.

Wie in Abschnitt 1.14 behandelt, sind bei einem Gas die Temperatur T und die Stoßzeit τ der Teilchen nicht voneinander unabhängig, sondern durch die *Heisenberg*sche Energie-Zeit Unschärferelation verknüpft: $k\cdot T\cdot \tau \geq \hbar$. Es ist also nicht möglich, dem Dissipationsbestreben durch Wahl einer gegen null strebenden Stoßzeit τ einen Riegel vorzuschieben, vielmehr erweist sich – bis auf Zahlenfaktoren – $\hbar/m$ als kleinstmögliche Änderungsrate der Ortsvarianz.

9.2 Entropiekräfte

Offensichtlich kann man den Teilchen beim Diffusionsvorgang nach 9.1 einen „Freiheitsdrang" zusprechen: Ohne eine äußere Kraftwirkung resultiert ein Teilchenstrom mit Stromdichte j, der immer von Stellen mit höherer Dichte hin zu Stellen mit geringerer Dichte gerichtet ist. Zeichnet man z.B. in Abb. 9.1 einen Kreis um die Bildschirmmitte, so strömen mit wachsender Zeit t fast alle der 99 Teilchen durch den Kreisumfang hindurch nach außen. Den Antrieb dieses Verhaltens wollen wir eine **Entropiekraft** K_S nennen. Der Buchstabe K wird gewählt, um Verwechslungen mit der Freien Energie F zu vermeiden.

Um eine Formel für K_S zu gewinnen, müssen wir zunächst die **Gruppengeschwindigkeit** $v(u,t)$ des Teilchenstroms an einer Stelle u zur Zeit t einführen: Fliegt z.B. wie in Abbildung 8.10 eine Gruppe von n Teilchen zur Zeit $t = 0$ durch das linke „Tunnelportal" mit der Fläche A nach rechts in den Tunnel des Volumens ΔV und der Länge $l = \Delta V / A$ ein und hat ihn nach der Zeit t durchquert, so ist ihre „Gruppengeschwindigkeit"

$$v(l,t) = \frac{l}{t} = \frac{\Delta V}{A \cdot t} = \frac{\frac{n}{A \cdot t}}{\frac{n}{\Delta V}} = \frac{j(l,t)}{f(l,t)},$$

denn der Teilchenstromdichte $n / (A \cdot t)$ ist die Wahrscheinlichkeitsstromdichte j so zugeordnet wie der Teilchendichte $n / \Delta V$ die Wahrscheinlichkeitsdichte f. $v(l,t)$ ist damit nicht die Geschwindigkeit eines *einzelnen* Teilchens, aber auch nicht die Driftgeschwindigkeit v_D des gesamten Ensembles, sondern die einer Gruppe von Teilchen in einem Teilvolumen ΔV.

Wir definieren nun allgemein die Gruppengeschwindigkeit $v(u,t)$ eines strömenden Teilchenschwarms durch die Gleichung

$$j(u,t) = v(u,t) \cdot f(u,t). \tag{88}$$

Bei einem diffundierenden Teilchenschwarm gelten nun für $j(u,t)$ und $f(u,t)$ und ihre partiellen Ableitungen $j_t(u,t)$, $j_u(u,t)$, $f_t(u,t)$ und $f_u(u,t)$ sowie für die zweite Ableitung $f_{uu}(u,t)$ folgende drei Beziehungen (Das Argument (u,t) wird der Kürze wegen weggelassen):

1. Die Kontinuitätsgleichung (82) : $f_t = -j_u$.
2. Die Beziehung (88) : $j = v \cdot f$.
3. Die *Fokker-Planck*-Gleichung (79): $f_t = -v_D \cdot f_u + \dfrac{k \cdot T \cdot \tau}{m} \cdot f_{uu}$.

In 3. wurde auch Gleichung (87) verwendet. Setzen wir die erste Gleichung mit der dritten gleich und leiten nach u auf, so ergibt sich für j folgender Term:

$$j = v_D \cdot f - \frac{k \cdot T \cdot \tau}{m} \cdot f_u + j_0,$$

wobei $j_0 = j_0(t)$ eine von u unabhängige Integrationskonstante ist, die wir im folgenden null setzen werden. Durch Vergleich mit der zweiten Gleichung erhalten wir nun die Beziehung

$$(v - v_D) \cdot f = -\frac{k \cdot T \cdot \tau}{m} \cdot f_u$$

oder
$$-k \cdot T \cdot \frac{f_u}{f} = \frac{m}{\tau} \cdot (v - v_D).$$

Der Term $-k \cdot f_u / f$ ist nun gerade die Ableitung der Entropie $s = -k \cdot \ln(f)$. (vgl. die Gleichungen (13) und (14)). Damit erhalten wir

$$T \cdot \frac{\partial s}{\partial u} = \frac{m}{\tau} \cdot (v - v_D). \qquad (89)$$

Auf der rechten Seite steht nun die **Gegenkraft** zur Reibungskraft $R = -m/\tau \cdot \dot{x}$ wie wir sie in der Bewegungsgleichung eingeführt haben, die bei einer Bewegung mit der Relativgeschwindigkeit $v - v_D$ wirkt. Sie sorgt dafür, daß die Diffusion nicht durch die Reibung zum Erliegen kommt. Wir deuten sie als die wirkende **Entropiekraft** K_S. Es ist also

$$\boxed{K_S(u,t) = T \cdot \frac{\partial s(u,t)}{\partial u} .} \qquad (90)$$

Diese Formel ergab sich auch bereits auf Seite 105.

Als Anwendungsbeispiel wollen wir noch untersuchen, was sich ergibt, wenn die Gruppengeschwindigkeit v eines Teilchenschwarms nicht vom Ort u und der Zeit t abhängt. Die Gleichung (88) läßt sich dann nach u ableiten zu

$$j_u(u,t) = v \cdot f_u(u,t),$$

was mit der Kontinuitätsgleichung (82) zu

$$f_t(u,t) = -v \cdot f_u(u,t) \qquad (91)$$

führt. Leitet man diese Gleichung einmal nach t und einmal nach u ab und beachtet, daß die gemischten Ableitungen übereinstimmen, also $f_{ut}(u,t) = f_{tu}(u,t)$ ist, so erhält man die „Wellengleichung"

$$f_{tt}(u,t) = v^2 \cdot f_{uu}(u,t).$$

Ihre Lösungen sind der Gestalt $f(u,t) = f(u \pm v \cdot t)$; sie beschreiben also eine Translationsbewegung der in sich starren Wahrscheinlichkeitsdichte f.

Wir vergleichen nun (91) mit der *Fokker-Planck*-Gleichung (79): Ein Widerspruch läßt sich nur vermeiden, wenn $v = v_D$ ist und $k \cdot T \cdot \tau / m = 0$, was der Energie-Zeit-Unschärferelation widerspricht. Aus (89) und (90) folgt andererseits, daß dann und nur dann die Entropie örtlich konstant sein könnte und die Entropiekräfte verschwinden würden.

9.3 Freie Energie und Entropiekräfte beim idealen Gas

Im Abschnitt 4 haben wir mit Gleichung (21) die **freie Entropie** S_F und mit (25) die **chemische Entropie** S_K eingeführt. In Abschnitt 6 folgte dann die Definition der **Freien Energie** F und der **Freien Enthalpie** G in (58), (59). Der Übersicht wegen stellen wir diese vier Gleichungen noch einmal zusammen:

Beide Entropien beziehen sich auf die Anzahl $g_0 = V / V_0$ unterscheidbarer Aufenthaltsorte für die N Teilchen eines idealen Gases, das im Volumen V eingeschlossen ist. Dabei ist V_0 durch (20), S. 45 gegeben. Wir bezeichneten die Anzahl unterscheidbarer Elementarvolumen pro Teilchen, g_0 / N, als Einteilchen-Zustandssumme Z_1 und die Anzahl der Anordnungsmöglichkeiten bei N ununterscheidbaren Teilchen, $g_0^N / N!$ als N-Teilchen-Zustandssumme Z_N.

$$S_K = N \cdot k \cdot \ln Z_1 = N \cdot k \cdot \ln \frac{V}{V_0 \cdot N} \quad \bigg| \quad G = -T \cdot S_K = U + p \cdot V - T \cdot S$$

$$S_F = k \cdot \ln Z_N = N \cdot k \cdot \left[\ln \frac{V}{V_0 \cdot N} + 1 \right] \quad \bigg| \quad F = -T \cdot S_F = U - T \cdot S$$

Wir untersuchen nun, motiviert durch die Gleichung (90), die Änderungen der Entropien S_K und S_F bei Volumenänderungen durch Kompression in eine Richtung x. Dazu denken wir uns das Gas in einem Kolbenprober mit Querschnittsfläche A eingeschlossen, dessen Stempel um die kleine Strecke Δx verschoben werde, so daß sich die Temperatur nicht ändert. Es ist nun $\Delta V = A \cdot \Delta x$, und für die Ableitungen von S_K und S_F erhält man

$$\frac{\partial S_K}{\partial x} = \frac{\partial S_F}{\partial x} = k \cdot N \cdot \frac{\frac{A}{V_0 \cdot N}}{\frac{V}{V_0 \cdot N}} = k \cdot N \cdot \frac{1}{x} = k \cdot N \cdot \frac{A}{V}.$$

Mit Hilfe der allgemeinen Gasgleichung (1), $p \cdot V = N \cdot k \cdot T$ folgt

$$K_S = T \cdot \frac{\partial S_K}{\partial x} = T \cdot \frac{\partial S_F}{\partial x} = \frac{N \cdot k \cdot T}{V} \cdot A = p \cdot A \ . \tag{92}$$

Die Druckkraft $K_S = p \cdot A$ berechnet sich beim idealen Gas als negative Ableitung von F oder G nach dem Ort x und erweist sich als Entropiekraft.

Wir stellen noch kurz zwei weitere thermodynamische Herleitungen der Formel (90) für die Entropiekraft K_S beim idealen Gas vor:

– In lakonischer Kürze wird dieses Ergebnis bereits durch die dritte **thermodynamische Relation** in Gleichung (53), $\partial S / \partial V = p / T$ zum Ausdruck gebracht, wenn man darin setzt $V = A \cdot x$ und $K_S = A \cdot p$.

– Im **Energiesatz** $\Delta U = \Delta Q + \Delta W$ (vgl. Abschnitt 1.8) kann man für die dem betrachteten System reversibel zugeführte Wärme setzen $\Delta Q = T \cdot \Delta S$ und für die daran verrichtete Arbeit $\Delta W = - K \cdot \Delta x$. Bei konstanter Temperatur gilt daher

$$\Delta U - T \cdot \Delta S = \Delta(U - T \cdot S) = \Delta F = - K \cdot \Delta x.$$

Für die Kraft K, die das System ausübt, gibt es nach der energetischen Betrachtung somit zwei verschiedene Ursachen:

$$K = -\frac{\Delta F}{\Delta x} = -\frac{\Delta U}{\Delta x} + T \cdot \frac{\Delta S}{\Delta x} = K_{pot} + K_S \ . \tag{93}$$

K_S ist die **Entropiekraft** und K_{pot} die „**Potentialkraft**" aufgrund der Ortsabhängigkeit der Energie des Systems. Beim idealen Gas hängt nun die innere Energie U nicht vom Volumen und damit auch nicht von x ab, so daß gilt

$$T \cdot \frac{\Delta S}{\Delta x} = -\frac{\Delta F}{\Delta x} = K_S \ .$$

Diese Herleitung ist zwar sehr einfach; bei der Deduktion von (90) mußten wir andererseits nur von der Definitionsgleichung der Kraft, $K = m \cdot a$, aber nicht vom Energiesatz Gebrauch machen; ferner legten wir ein diffundierendes, dynamisches System zugrunde, das nicht im thermodynamischen Gleichgewicht mit der Umgebung ist.

Nachdem wir uns von der Konsistenz der Definition (90) für die Entropiekraft überzeugt haben, können wir nun *Kraftgesetze* $K = K(x)$ berechnen.

Im Fall des idealen Gases im Gleichgewicht haben wir dies mit der Gleichung (92) bereits erledigt:

$$K_S(x) = N \cdot k \cdot T / x \ .$$

Dies ist das in Abschnitt 1.2 experimentell erhaltene Gesetz von *Boyle* und *Mariotte*: Die Druckkraft verhält sich umgekehrt proportional zur Kompression x.

Wir können nun aber auch die Entropiekraft

$$K_S(u,t) = -k \cdot T \cdot \frac{\partial \ln f(u,t)}{\partial u} = -k \cdot T \cdot \frac{f_u(u,t)}{f(u,t)}$$

bei Systemen mit orts (u)- und zeitabhängigen Wahrscheinlichkeitsdichten $f(u,t)$ berechnen. In Abschnitt 8.8 haben wir insbesondere die wichtige Klasse der *Wiener*schen Prozesse betrachtet, die die *Brown*sche Molekularbewegung beschreiben und die Dichtefunktionen (81), also „breitfließende" Normalverteilungen (vgl. auch Abbildung 8.8) besitzen. Die zugrunde liegende Gleichung von *Fokker* und *Planck* wurde auch in Abschnitt 9.2 vorausgesetzt. Die Rechnung ergibt

$$K_S(u,t) = k \cdot T \cdot \frac{u}{t \cdot \sigma^2} \ . \tag{94}$$

K_S wirkt offensichtlich bei der Diffusion einer zu Beginn fast punktförmigen, sehr großen Anfangsdichte f_0 an der Stelle $u = 0$ wie eine mit der Zeit abnehmende Sprengkraft: für $u > 0$ nach rechts und für $u < 0$ nach links.

9.4 Gummielastizität

Expandiert man rasch (adiabatisch) die Luft in einem Kolben, so kühlt sie sich dabei ab; hierauf beruht ja die Funktionsweise der in der Schule gebräuchlichen Nebelkammern. Wie ändert sich nun die Temperatur eines Gummibands beim Auseinanderziehen? Wir können das qualitativ prüfen, indem wir das Gummiband vor und nach der Dehnung über die besonders temperaturempfindliche Oberlippe halten. Wir fühlen dabei eine deutliche *Erwärmung*.

Erwärmt man kristalline Festkörper, Flüssigkeiten (außer Wasser unterhalb von 4°C) und Gase, so dehnen sie sich aus. Gilt das auch für Gummibänder? Wir können das prüfen, indem wir ein Gummiband an einem Hacken befestigen und durch ein angehängtes Gewicht auf eine bestimmte Länge spannen. Wir stellen fest, daß sich das Band bei Erwärmung mit einem Föhn *verkürzt* und somit eine Last zu heben vermag.

Einen weiteren Effekt beobachtet man, wenn man Gummi unter − 60°C abkühlt: Die Elastizität verschwindet sehr rasch, so daß man einen „tiefgefrorenen", spröden Gummischlauch mit einem Hammer zerschlagen kann.

Zur Dehnung eines Metallstabs ist eine Zugkraft erforderlich, da die Atome durch wechselseitige Anziehungskräfte zusammengehalten werden. Was kann man nun über die Natur der Gummikraft sagen? Läßt sich das Verhalten von Gummi erklären?

Gummi besteht aus Makromolekülen, die lange Ketten bilden (lineare Hochpolymere), deren Glieder im Idealfall völlig frei gegeneinander beweglich sind. Die einzelnen Ketten sind bei vulkanisiertem Gummi durch Schwefelbrücken miteinander verbunden; dadurch entsteht ein weitmaschiges Netz. Für jedes Molekül besteht somit die Möglichkeit, eine große Zahl von krummen oder knäuelartigen Gestalten anzunehmen.

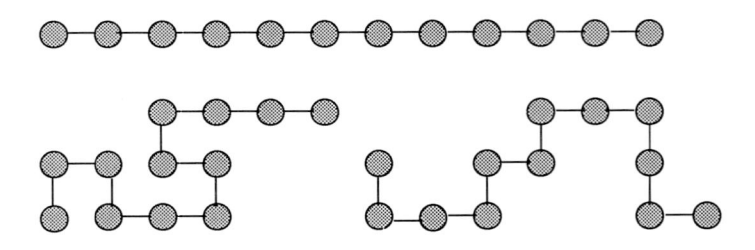

Abbildung 9.3. Drei mögliche Gestalten eines idealisierten Kettenmoleküls aus 12 Atomen in der Zeichenebene. Der Valenzwinkel zwischen den Atomen beträgt hier 0° oder 90°.

Die Abbildung 9.3 zeigt in idealisierter Form drei Kettenmoleküle, deren Atome kovalente Bindungen untereinander besitzen, so daß jeweils rechte Winkel bevorzugt werden. Stellt man sich in Gedanken an den Anfang eines dieser Moleküle, so kann man seine Gestalt durch eine Folge von jeweils drei Bewegungsanweisungen erfassen: „rechts", „geradeaus" und „links". Sind alle drei Anweisungen gleich wahrscheinlich, so wird nur in einem von $3^{12} = 531441$ Fällen die vollständig gestreckte Anordnung realisiert werden. Weitaus am häufigsten werden sich Formen ergeben, die grob geschätzt die halbe Länge der gestreckten Länge besitzen.

Wir bemerken, daß offensichtlich eine ganz analoge Situation vorliegt wie bei der Simulation des Diffusionsvorgangs von Abbildung 9.1 in eine Richtung, wenn wir das Kommando „geradeaus" durch „bleiben" ersetzen. Die vollständig gestreckte Molekülkette entspricht einem Teilchen, das sich nach 12 Zeittakten noch nie von der Stelle bewegt hat. Umgekehrt können wir einem diffundierenden Teilchen, das in allen 12 Zeittakten immer nach rechts gesprungen ist, eine Kette zuordnen, die zum kleinsten möglichen Kreis verknäult ist. Die Frage nach der Länge u dieser statistisch gestalteten Kette mit n Gliedern ist damit analog zu der nach der Strecke u, die ein Teilchen bei der Diffusion nach

n Zeittakten zurückgelegt hat. Es gibt aber auch Unterschiede: Während die Zeit bei der Diffusion beliebig viele Takte durchlaufen kann, ist die Atomzahl n der Moleküle begrenzt; ferner führt das Diffusionsbestreben zur Dissipation und Ausdehnung, hier dagegen durch Verknäuelung zur Verkürzung der Moleküllänge u.

Wir interessieren uns nun nur für die Länge u der Ketten im Gleichgewicht. Wir können dann wieder – wie in Abschnitt 5 – ein Urnenspiel spielen mit den drei Kugeln „rechts", „geradeaus", „links" und die Anzahlen $g(u)$ der aus jeweils n Ziehungen bestehenden Mikrozustände berechnen, die einer gewissen Länge u, dem Makrozustand zugeordnet sind. Die genauen Berechnungen bei variablen Valenzwinkeln sind nicht ganz einfach; wir verweisen hier auf die Hochschulliteratur, z.B. auf *Gerthsen* und *Vogel* [31]. Hier ist nur wichtig, daß $g(u)$ – ganz analog zu Abschnitt 5.2 – binomialverteilt ist. Für sehr große n strebt diese Längenverteilung gegen die **Normalverteilung** (vgl. (37) und Abb. 5.4 in Abschnitt 5.2). Bezeichnet man die Abweichung von der wahrscheinlichsten Länge – dem statistischen Gleichgewichtszustand – mit s, so ist

$$g(s) = a \cdot \exp(-b^2 \cdot s^2)$$

mit geeigneten Konstanten a und b.

Wir können nun einen weiteren Entropietyp einführen, die **Gestaltentropie** s_G:

$$s_G = k \cdot \ln g(s) \qquad (95)$$

und mit der Formel (90) die Entropiekraft $K_S(s)$ berechnen:

$$K_S(s) = T \cdot \frac{\partial s_G(s)}{\partial s} = -2 \cdot k \cdot T \cdot b^2 \cdot s.$$

Ist die Kette um s aus der Gleichgewichtslage verlängert, so wirkt K_S als **harmonische Rückstellkraft**. Die Gummielastizität ist also der Entropiekraft K_S zuzuschreiben.

Die Gummielastizität ist aber oft gerade das Paradebeispiel für das Wirken einer nichtlinearen Kraft, so daß das *Hooke*sche Gesetz gerade nicht erfüllt ist! Wie ist dieser Widerspruch zu erklären? Er rührt daher, daß bei der Dehnung eines Stückes Gummi das Volumen in erster Näherung erhalten bleibt und die Verlängerung in die Streckrichtung durch eine Verkürzung in die beiden Querrichtungen kompensiert werden muß. Nun gibt es natürlich auch Molekülketten im Gummiband, die quer zur Streckrichtung liegen und gestaucht werden; sie liefern einen zusätzlichen Korrekturterm zu K_S. Von Bedeutung ist ferner die Vulkanisation, die die Bewegungsfreiheit der Atome bei größeren Dehnungen einschränkt.

Die Richtgröße $D = 2 \cdot k \cdot T \cdot b^2$ wächst proportional zur Temperatur; damit erklärt sich die eingangs gemachte Beobachtung, daß das erwärmte Gummiband eine Last zu heben vermag.

Warum erwärmt sich nun ein Gummiband bei Dehnung ? So wie wir in den Abschnitten 6.4 und 6.5 beim Verdunsten, Rosten und Kühlen durch Entmagnetisieren Umladungen zwischen der Wärmeentropie und der Volumen - bzw. Spinentropie kennenlernten, so können wir die Erwärmung als Folge einer Umladung von Gestaltentropie in Wärmeentropie ansehen: Mit der Dehnung sinkt die Anzahl g möglicher Mikrozustände der Kettenformen, und da die Gesamtentropie nicht abnehmen darf, muß die Wärmeentropie zunehmen.

Bei Abkühlung von Gummi auf tiefe Temperaturen schwindet nun die Elastizität, d. h. die Richtgröße D wird rasch sehr groß, da die Beweglichkeit der Ketten zurückgeht und die Gestaltentropie so klein wird, daß sie im Vergleich zur Wärmeentropie vernachlässigt werden kann. Man kann das berücksichtigen, indem man die Konstante $b = b(T)$ mit sinkender Temperatur ansteigen läßt.

9.5 Entropiekräfte bei Potentialstufen

Warum umgibt uns auf der Erdoberfläche eigentlich eine so „luftige" Atmosphäre? Die Moleküle der Luft werden ja von der Erde nach unten gezogen und sollten – wie ein hopsender Ball – nach einiger Zeit ihre Bewegungsenergie an die Erde abgegeben haben und damit auf der Erdoberfläche zur Ruhe kommen. Offensichtlich muß es eine Gegenkraft geben, die das verhindert. Wir haben diese Frage im Abschnitt 7.3 eigentlich bereits behandelt und aus der Gleichung (61) die barometrische Höhenformel für die Konzentration $c(h)$ von Luftmolekülen der Masse m in der Höhe h hergeleitet:

$$c(h) = c(0) \cdot e^{-\frac{mgh}{kT}}.$$

Wir wollen hier nur noch den Blickwinkel der *Kräftebilanz* zusätzlich einbringen. Hierzu formen wir die Höhenformel um:

$$-T \cdot k \cdot \ln \frac{c(h)}{c(0)} = T \cdot s_K(h) = m \cdot g \cdot h.$$

Dabei ist $s_K(h)$ die Konzentrationsentropie nach (24). Leiten wir nach der Höhe h ab, so erhalten wir die Kraftgleichung

$$K_S = T \cdot \frac{ds_K(h)}{dh} = m \cdot g$$

Die Entropiekraft K_S, Ausdruck des „Freiheitsdrangs" der Moleküle, kompensiert also die Schwerkraft $-m \cdot g$ und sorgt dafür, daß uns „der Himmel nicht auf den Kopf fällt".

Nicht nur die Schwerkraft, sondern auch elektrische oder andere Kräfte können sich mit K_S „messen". In der Gleichung (61) ist ja für ΔU jede Art von Energieunterschied, also nicht nur der in Bezug auf die Lageenergie $m \cdot g \cdot h$ einsetzbar; immer wenn die Konzentration c und ΔU ortsabhängig sind, erhält man durch Ableiten nach dem Ort eine Kraftgleichung mit der Entropiekraft K_S als einem Bestandteil.

9.6 Schwerkraft als Entropiekraft?

Spekulation bei Geldgeschäften führt oft zu unerfreulichen Konsequenzen und wird zu Recht kritisiert; in der Physik ist sie jedoch – wenn als solche gekennzeichnet – ein belebendes Element, und so wollen auch wir in diesem Abschnitt ein wenig über die Natur der Schwerkraft spekulieren.

Wir beginnen mit folgender Frage aus der Nachrichtentechnik: Wie kann man möglichst viel Information pro Sekunde mit Hilfe von elektromagnetischen Wellen oder Wechselströmen übermitteln? Man kann z. B. in jeder Halbwelle ein Bit Information speichern, je nachdem ob diese Halbwelle ihre volle Amplitude aufweist oder nicht. Deshalb war die Entwicklung der Nachrichtentechnik historisch vor allem an die Fortschritte der Hochfrequenztechnik gekoppelt: Je mehr Halbwellen pro Sekunde verfügbar sind, desto mehr Information läßt sich pro Sekunde übermitteln.

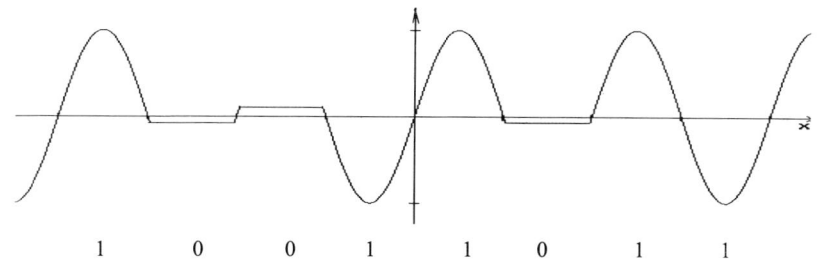

Abbildung 9.4. Digitale Kodierung einer Nachricht auf einer Welle

Man kann so – bezogen auf eine fest vorgegebene Trägerfrequenz – der Zeiteinheit eine bestimmte Informationsdichte zuordnen.

Eine der umwälzenden Entdeckungen *A. Einsteins* war es nun, daß die Zeit selbst einen nicht absoluten, sondern von der Masse und damit von der Schwerkraft abhängigen Gang besitzt. In einem auch für Schüler gut lesbaren Artikel, der 1911 in der legendären Fachzeitschrift „Annalen der Physik" veröffentlicht wurde [32], argumentiert *Einstein* folgendermaßen:

„Fällt" ein Lichtstrahl der Energie $W = m_0 \cdot c^2 = h \cdot f$ und damit der Frequenz f (h ist hier das *Plancksche* Wirkungsquantum, m_0 die der Energie des Lichtquants zugeordnete Masse) im homogenen Schwerefeld mit der Gravitationsbeschleunigung g die Strecke Δx nach unten, so verringert sich seine Lageenergie um $\Delta W = m_0 \cdot g \cdot \Delta x$. Nach dem Energieerhaltungssatz besitzt das Lichtquant unten die Energie

$$W' = m_0 \cdot c^2 + m_0 \cdot g \cdot \Delta x = m_0 \cdot c^2 \cdot \left(1 + \frac{g \cdot \Delta x}{c^2}\right)$$

$$W' = h \cdot f' \qquad = h \cdot f \cdot \left(1 + \frac{g \cdot \Delta x}{c^2}\right),$$

und damit die erhöhte Frequenz f'. Nun ist aber $\Delta x / c$ gerade die Fallzeit t des Lichtstrahls und $v = g \cdot t$ die Geschwindigkeit, die ein mit g beschleunigter Körper nach Durchfallen der Strecke Δx besitzt. Die Gleichung

$$f' = f \cdot \left(1 + \frac{g \cdot \Delta x}{c^2}\right) = f \cdot \left(1 + \frac{v}{c}\right)$$

entpuppt sich damit als *Doppler*formel für die Frequenz f', die in einem mit v (nach oben) bewegten Bezugssystem eines Empfängers anstelle von f registriert wird. Nach dem Äquivalenzprinzip ist aber ein mit g beschleunigtes Bezugssystem physikalisch gleichwertig mit einem in einem Schwerefeld mit Schwerebeschleunigung g ruhenden, so daß es möglich ist, Schwerefelder – genauer: Unterschiede von Gravitationspotentialen $\Delta \varphi = g \cdot \Delta x$ – durch relative Frequenzunterschiede $(f' - f) / f$ zu messen. A. Einstein schreibt:

Hieraus ergibt sich eine Konsequenz von für diese Theorie fundamentaler Bedeutung: Wir müssen zur Zeitmessung an einem Orte, der relativ zum Koordinatenursprung das Gravitationspotential φ besitzt, eine Uhr verwenden, die – an den Koordinatenursprung versetzt – $(1 + \varphi / c^2)$ mal langsamer läuft als jene Uhr, mit welcher am Koordinatenursprung die Zeit gemessen wird.

Die „Blaufärbung" eines nach unten fallenden Lichtquants, die Gravitationsblauverschiebung, rührt also einfach daher, daß unten die Uhren langsamer gehen und mehr Schwingungen des von oben einfallenden Lichtquants pro Sekunde registriert werden.

In Verbindung mit der anfangs angestellten Überlegung ergibt sich nun, daß mit der ortsabhängigen relativen Frequenzänderung $\Delta f / f$ im Schwerefeld auch eine ortsabhängige Änderung der zeitlichen Informationsdichte einher geht. Bezeichnen wir die Entropie der möglichen Elementarsignale pro Zeiteinheit mit s_T, so ist

$$\frac{\Delta s_T(x)}{\Delta x} \sim \frac{\Delta f(x)}{\Delta x \cdot f(x)} = \frac{g(x)}{c^2},$$

also
$$s_T(x) \sim \ln(f(x)) \sim \frac{1}{c^2} \cdot \varphi(x). \tag{96}$$

Die Schwerebeschleunigung g – und damit die Schwerkraft $K = m \cdot g$ auf eine Masse m – sind proportional zur Ortsableitung von s_T, also als Entropieeffekte auffaßbar; einfach deshalb, weil Orte mit höherer zeitlicher Informationsdichte nach dem Entropiesatz bevorzugt werden.

Beschleunigt man sich umgekehrt in einem Raum *ohne* Schwerefeld selbst weg von einem als ruhend angenommenen Sender, so ist die Anzahl möglicher Elementarinformationen, die man von ihm erhalten kann, durch den *Doppler*effekt verkleinert. Die Frequenzerniedrigung eines Martinshorns, von dem wir uns weg bewegen, ist ja ein fast täglich wahrnehmbares Phänomen. Dieser Vorgang verringert offensichtlich die mögliche Informationsdichte der Zeit und erfordert eine beschleunigende Kraft.

Werfen wir schließlich einen Ball mit einem Sender, z.B. einer tickenden Uhr A, senkrecht nach oben in die Luft, so treten beide Effekte miteinander in Konkurrenz: die rasche Bewegung läßt die Frequenz im Vergleich zu einer ruhenden Uhr B absinken, aber der erreichte Höhenunterschied Δx läßt die Tickfrequenz höher erscheinen, da die Zeit oben schneller läuft. *R. P. Feynman* erörtert das in seinen Lectures [33] in bekannt lebendiger Form:

Welchen Fahrplan für die Höhe gegen die Zeit - wie hoch wir hinauf müssen und mit welcher Geschwindigkeit, die sorgfältig aufeinander abgestimmt sein müssen, um uns zur Uhr B zurückzubringen, wenn sie 100 s anzeigt - gibt uns die größtmögliche Zeitanzeige auf der Uhr A ?

Antwort: Berechnen Sie, wie schnell Sie einen Ball in die Luft werfen müssen, so daß er genau nach 100 Sekunden auf die Erde fällt. Die Bewegung des Balls – schneller Anstieg, Abbremsung, Anhalten und Herunterfallen – ist genau die richtige Bewegung, für welche die Zeitanzeige auf einer am Ball befestigten Armbanduhr möglichst groß wird.

Dies ist aber auch das Maximum des zeitlichen Informationsgehalts dieser Bahn, gemittelt über die Flugzeit. Von den unzähligen möglichen Bahnen wird also die mit maximaler Entropie s_T realisiert; Abweichungen hiervon machen sich als Trägheits- oder Schwerkraft bemerkbar.

10. Informationstheoretische Komplementarität

10.1 Komplementarität beim Doppelspaltexperiment

Dem jungen Schüler wie dem älteren Physiklehrer erscheint das Verhalten von Photonen, Elektronen oder Atomen gleichermaßen geheimnisvoll, das diese an den Tag legen, wenn man sie zu einem Strahl bündelt und durch einen Doppelspalt fliegen läßt. „It contains the only mystery" sagt *R.P. Feynman*; das Verhalten der Mikroteilchen bei diesem Versuch enthält **das** Geheimnis der Mikrophysik, und wir sollten nicht versuchen, dieses Geheimnis aufzudecken, indem wir „erklären", wie es funktioniert. Worum es sich dabei handelt, wird in allen Oberstufenbüchern der Physik erklärt, und wir können uns hier kurz fassen.

Läßt man eine Lichtwelle vom Sender aus durch die beiden Spalte 1 und 2 treten, so beobachtet man aufgrund der Überlagerung der beiden Kreiswellen hinter dem Doppelspalt das oben als Intensitätsdiagramm dargestellte Muster. Ist nur ein Spalt geöffnet, so erhält man die darunter gezeichnete Intensitätsverteilung. Dieses Verhalten der Wellen ist mit dem *Huygens*schen Prinzip einleuchtend zu erklären. Verringert man nun aber die Leistung des Senders immer weiter und benutzt längs des Schirms einen sehr empfindlichen Detektor, so registriert dieser immer nur ganze Partikel, und die Intensitätsverteilung muß als Häufigkeitsverteilung auftreffender Teilchen interpretiert werden.

Hier setzt nun das Dilemma ein: Während bei zwei geöffneten Spalten die Stelle x_0 verboten ist, darf sie

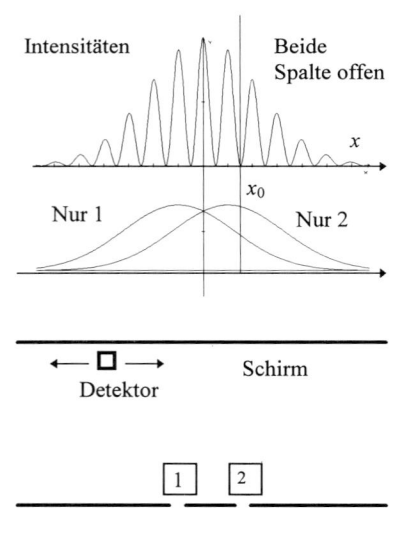

Abbildung 10.1. Interferenzexperiment am Doppelspalt

bei nur einem geöffneten Spalt angeflogen werden. Woher „weiß" ein Teilchen, das z.B. durch den Spalt 1 fliegt, ob der Spalt 2 geöffnet ist, um gegebenenfalls den Landeplatz x_0 zu vermeiden?

Man kann das Dilemma mit Hilfe der Wahrscheinlichkeitsrechnung erfassen: wir zeigen nämlich, daß die Formel von der totalen Wahrscheinlichkeit, Gleichung (65) in Abschnitt 8.2, beim Doppelspaltversuch nicht mehr anwendbar ist. Nennen wir A_1 bzw. A_2 die Ereignisse, daß ein Partikel durch den Spalt 1 bzw. 2 geflogen ist, und B das Ereignis, daß das Partikel in der Stelle x_0 eintrifft, so müßten bei zwei geöffneten Spalten die Wahrscheinlichkeiten $P(A_1) = P(A_2) = 0{,}5$ sein, und jedenfalls eine der bedingten Wahrscheinlichkeiten $P_{A1}(B)$ und $P_{A2}(B)$ größer sein als null. Also kann $P(B) = P_{A1}(B) \cdot P(A_1) + P_{A2}(B) \cdot P(A_2)$ nicht null sein, im Widerspruch zum Experiment.

Dem Satz von der totalen Wahrscheinlichkeit liegt in Bezug auf die Ereignisse A_1, A_2 und B das Distributivgesetz der Aussagenlogik zugrunde:

$$B \cap (A_1 \cup A_2) = (B \cap A_1) \cup (B \cap A_2) \qquad (97)$$

Die rechte Seite der Gleichung (97) gibt die Situation bei jeweils nur einem geöffneten Spalt wieder; das Gesamtereignis besteht nämlich darin, daß ein Teilchen durch Spalt 1 fliegt **und** in x_0 eintrifft **oder** durch Spalt 2 fliegt **und** in x_0 eintrifft. Die linke Seite beschreibt das Gesamtereignis bei zwei geöffneten Spalten: das Teilchen fliegt durch A_1 **oder** A_2 **und** landet in x_0. Die Gesamtaussage der linken Seite von (97) ist nun offenbar immer falsch, während die Aussage rechts erfüllbar ist.

Das Distributivgesetz der Aussagenlogik ist verletzt.

Wie kann man nun den menschlichen Geist vor dieser Katastrophe des „normalen" Denkens schützen?

Den von *W. von Heisenberg* errichteten Schutzwall, seine Unschärferelation, haben wir bereits in Abschnitt 1.14, Gl. (11) kennengelernt: es ist – auch gedanklich – nicht möglich, einem Partikel gleichzeitig einen präzisen Ort **und** einen wohldefinierten Impuls zuzuschreiben. Das Produkt der Standardabweichungen des Orts und des Impulses bei einer eindimensionalen Bewegung, $\Delta x \cdot \Delta p_x$ ist in der Phasenebene als Rechteckfläche darstellbar (vgl. Abb. 5.1); diese Flächen können das Maß $\hbar$ nicht unterschreiten. Man nennt x und p_x **komplementär** zueinander. Das Prinzip der Komplementarität schiebt somit unserer Neugierde über das Verhalten elementarer Teilchen – und damit möglichen Denkkatastrophen – einen Riegel vor: Sind wir z.B. daran interessiert, zu wissen, durch welchen Spalt ein Teilchen geflogen ist, und somit Δx zu verkleinern, so können wir nicht darauf hoffen, Interferenzmuster mit „verbotenen" Stellen x_0 auf dem Schirm zu erhalten, denn damit wäre Δp_x kleiner als

„erlaubt". Ein Teilchen mit einer größeren „Ortsfreiheit" besitzt einfach eine andere physikalische Qualität als eines mit einer geringen.

Wie funktioniert nun dieses Prinzip der Komplementarität beim Doppelspaltversuch? Viele Gedankenversuche sind vorgeschlagen worden, um doch irgendwie „Welcher-Weg-Information" zu erhalten, ohne das Interferenzmuster zu zerstören, insbesondere in der berühmten Debatte zwischen *A. Einstein* und *N. Bohr*. Der Grundgedanke dabei war immer, daß die Interferenzfähigkeit verlorengeht, weil das Teilchen irgendwie unkontrollierte Stöße erleidet, z.B. mit den Rändern des Doppelspalts oder mit als Sonden eingesetzten Photonen, die am durchfliegenden Teilchen gestreut werden. In neuerer Zeit hat es sich aber gezeigt, daß man „Welcher-Weg-Information" auch erhalten kann ohne oder mit beliebig kleinen mechanischen Störungen der Teilchen, wobei die Interferenzfähigkeit dennoch verlorengeht.

Ein derartiges Doppelspaltexperiment, wie es von *B. Englert* und *H. Walther* diskutiert wird [34], arbeitet mit Atomen als Teilchen, die vor den Spalten durch einen kurzwelligen Laser angeregt werden. Hinter die beiden Spalte werden jeweils kleine kastenförmige Hohlräume gestellt, so daß jedes Atom einen davon durchqueren muß (vgl. Abb. 10.1). Die Geometrie der Hohlräume wird nun so gewählt, daß die angeregten Atome gezwungen sind, in einen niedrigeren Energiezustand überzugehen, wobei sie ein längerwelliges Photon im Bereich der Mikrowellen aussenden. Über einen Nachweis dieses Photons im Hohlraum läßt sich nun ermitteln, durch welchen Hohlraum – und folglich welchen Spalt – das Atom geflogen ist, ohne daß die Bewegung des Atoms gestört wird. Um Störsignale zu minimieren, müßte man im realen Experiment die Hohlräume extrem tief kühlen.

Aus diesem und weiteren Experimenten folgt, daß die Interferenzfähigkeit verloren geht, weil „Welcher-Weg-Information" erhalten wurde ; das hat nichts zu tun mit Unbestimmtheiten der Spaltpositionen oder mit unkontrollierten Stößen der Teilchen.

10.2 Informationstheoretische Untersuchung des Doppelspaltexperiments

Wie in Abschnitt 2.1 erörtert, ist die grundlegende Begriffsbildung der Informationstheorie der **Kenntnisstand**. Lassen wir ein Teilchen durch einen Doppelspalt mit zwei geöffneten Spalten fliegen, so ist der Kenntnisstand gegeben durch die Aussage **M** mit der Bedeutung „durch Spalt 1 oder Spalt 2 geflogen". Durch **M** ist der Makrozustand des Systems, der tatsächlich vorhandene Kenntnisstand gegeben. Wir sind nun interessiert an einem detaillierteren Kenntnisstand, wir wollen nämlich herausfinden, welcher der beiden Mikrozustände bei einem Experiment realisiert wird: m_1 oder m_2, d.h., ob das Teilchen durch Spalt 1 geflogen ist oder durch Spalt 2. Eine Antwort auf die entsprechende Alternativfrage würde den Informationsgehalt des Systems um 1 bit reduzieren. Seine Entropie würde um $\Delta s = k \cdot \ln(2) = 9{,}5 \cdot 10^{-24}$ JK^{-1} abnehmen.

Wenden wir den Entropiesatz an auf diesen Vorgang, so folgt, daß die Entropie „irgendwo hin muß", also umgeladen werden muß, da die Gesamtentropie des Systems nicht abnehmen darf. Im Atomstrahlexperiment von *Englert* und *Walther* wird durch das abgegebene Mikrowellenquant der Hohlraum „aufgeheizt" gemäß $\Delta s = \frac{1}{2} \cdot k \cdot \Delta T / T$. Damit der thermisch bedingte Zuwachs des Informationsgehalts des Hohlraums erkennbar ist, d.h., damit das zusätzlich vorhandene Mikrowellenquant nicht im thermischen Rauschen untergeht, muß die Temperatur des Hohlraums natürlich extrem niedrig liegen; $\Delta T / T$ darf ja nicht viele Zehnerpotenzen kleiner sein als $\ln(2)$. Bei einem Mikrowellenphoton mit $f = 21{,}5$ GHz, wie in [34] vorgeschlagen, ist $\frac{1}{2} \cdot k \cdot \Delta T = h \cdot f = 1{,}4 \cdot 10^{-23}$ J, so daß $T \approx 1{,}5$ K nicht wesentlich überstiegen werden darf.

Wir kommen nun auf den bereits in Abschnitt 2 dargestellten Grundgedanken der Informationstheorie zurück: Wir betrachten den Informationsgehalt eines Systems als Meßgröße und damit als charakteristische Eigenschaft des Systems. Wenn ein System in einem bestimmten Makrozustand **M** vorliegt, so ist damit notwendigerweise die Aussage verbunden, daß man nicht weiß, welcher der Mikrozustände m_1 oder m_2 tatsächlich realisiert ist; die Unkenntnis gehört als untrennbare Eigenschaft zum System dazu.

Wir nennen Aussagen, die den Informationsgehalt von Makrozuständen betreffen, informationstheoretisch komplementär zu Aussagen über die Mikrozustände selbst.

Wie von *F. J. Zucker* [35] festgestellt wurde, verletzen nun informationstheoretisch komplementäre Aussagen das Distributivgesetz der Aussagenlogik. Sei nämlich

A(**M**) die Aussage „System im Makrozustand **M**"
A(m_1) die Aussage „System im Mikrozustand m_1"
A(m_2) die Aussage „System im Mikrozustand m_2" ,

so sind die „Und-Aussagen" A(**M**) $\wedge$ A(m_1) bzw. A(**M**) $\wedge$ A(m_2) immer falsch, denn A(**M**) beinhaltet ja gerade, daß man nicht weiß, daß m_1 bzw. m_2 vorliegt. Die Gesamtaussage (A(**M**) $\wedge$ A(m_1)) $\vee$ (A(**M**) $\wedge$ A(m_2)) ist damit auch falsch. Andererseits ist die hieraus durch Anwendung des Distributivgesetzes gebildete

Aussage $A(M) \wedge (A(m_1) \vee A(m_2))$ immer richtig, denn der eine oder der andere der beiden Mikrozustände m_1 oder m_2 ist immer realisiert, wenn **M** zutrifft:

$$(A(M) \wedge A(m_1)) \vee (A(M) \wedge A(m_2)) \neq A(M) \wedge (A(m_1) \vee A(m_2)).$$

Das Konzept von Entropie als Informationsgehalt liefert damit eine natürliche Erklärung für die beim Doppelspalt beobachtete „*Heisenberg*sche" Komplementarität von Ort x und Impuls p_x: versucht man, Δx zu verkleinern, so verkleinert man die Entropie des Systems und zerstört damit notwendigerweise den Makrozustand **M**, so daß auch andere Meßgrößen des Systems eine Änderung erleiden.

10.3 Informationstheoretische Unschärferelation

Kann man nun vielleicht auch andere informationstheoretische Kenngrößen finden, die – analog zur *Heisenberg*schen Unschärferelation – anwachsen, wenn die Ortsvarianz $V(x)$ einer Wahrscheinlichkeitsdichte $f(x,t)$ sich verkleinert? Im Abschnitt 9.2, Gleichung (89) und (90) haben wir die Entropiekräfte

$$K_S(x,t) \sim \frac{\partial s(x,t)}{\partial x}$$

als Ableitungen der Entropie s nach dem Ort x kennengelernt. Das ideale Gas übte dabei z.B. auf den Stempel eines Kolbenprobers eine Entropiekraft mit der gewünschten Eigenschaft aus: verkürzt man die Länge des Gasvolumens, so wächst die Kraft K_S auf den Stempel.

In der mittleren Stoßzeit τ wird dabei nach (89) auf die Wände der **Entropieimpuls**

$$p(x,t) = m \cdot (v - v_D) = T \cdot \tau \cdot \frac{\partial s(x,t)}{\partial x} \qquad (98)$$

übertragen.

In Analogie zur *Heisenberg*schen Unschärferelation untersuchen wir nun die Varianzen von x und p:

$$V(x) = \int_{-\infty}^{+\infty} dx \cdot f(x,t) \cdot (x - E(x))^2 \quad \text{und} \quad V(p) = \int_{-\infty}^{+\infty} dx \cdot f(x,t) \cdot (p - E(p))^2 ;$$

dabei sind $E(x)$ und $E(p)$ die Erwartungswerte der Wahrscheinlichkeitsdichten von x und p.

Für $E(p)$ ergibt sich nun der Wert null:

$$E(p) = -\int_{-\infty}^{+\infty} dx \cdot f(x,t) \cdot k \cdot T \cdot \tau \cdot \frac{\partial \log f(x,t)}{\partial x}$$

$$= -k \cdot T \cdot \tau \cdot \int_{-\infty}^{+\infty} dx \cdot f(x,t) \cdot \frac{f_x(x,t)}{f(x,t)}$$

$$= -k \cdot T \cdot \tau \cdot \int_{-\infty}^{+\infty} dx \cdot f_x(x,t) = 0,$$

weil die Aufleitung von $f_x(x,t)$, $f(x,t)$ null wird für $x \to \pm\infty$, da f eine Wahrscheinlichkeitsdichte ist. Dieses Ergebnis ist anschaulich einleuchtend: Denkt man z.B. an die nach dem Durchfliegen des engen Doppelspaltes in x-Richtung sich verbreiternde Wahrscheinlichkeitsdichte (nach rechts bzw. links in Abb. 10.1), so sollte der Mittelwert der Entropie-Impulse null sein, da keine Richtung ausgezeichnet ist.

Wenn man die Funktionen unter den Integralen als quadratisch integrierbar voraussetzt, kann man sie als Elemente g, h eines euklidischen Vektorraums ansehen mit dem Skalarprodukt

$$\langle g \mid h \rangle = : \int_{-\infty}^{+\infty} g(x) \cdot h(x) \cdot dx .$$

Auf diese „Vektoren" g, h kann man dann die in allen euklidischen Vektorräumen gültige *Schwarz*sche Ungleichung

$$\|g\| \cdot \|h\| \geq |\langle g \mid h \rangle|$$

anwenden, wobei $\|g\| = \sqrt{\int_{-\infty}^{+\infty} dx \cdot (g(x))^2}$ und $\|h\| = \sqrt{\int_{-\infty}^{+\infty} dx \cdot (h(x))^2}$ die Normen („Beträge") der Vektoren g, h sind.

Der Term $\sqrt{V(x) \cdot V(p)}$ läßt sich nun mit der *Schwarz*schen Ungleichung folgendermaßen abschätzen:

$$\sqrt{V(x) \cdot V(p)} \geq \left| \int_{-\infty}^{+\infty} dx \cdot f(x,t) \cdot (x - E(x)) \cdot (p(x,t) - E(p)) \right|$$

$$= \left| \int_{-\infty}^{+\infty} dx \cdot f(x,t) \cdot x \cdot p(x,t) - E(x) \cdot \int_{-\infty}^{+\infty} dx \cdot f(x,t) \cdot p(x,t) \right|.$$

Der zweite Summand ist hier $E(x) \cdot E(p)$ und damit null. Der erste Summand wird zu

$$\left| -\int_{-\infty}^{+\infty} dx \cdot f(x,t) \cdot x \cdot k \cdot T \cdot \tau \cdot \frac{f_x(x,t)}{f(x,t)} \right| = \left| k \cdot T \cdot \tau \cdot \int_{-\infty}^{+\infty} dx \cdot f(x,t) \right| = k \cdot T \cdot \tau > 0.$$

Beim letzten Rechenschritt wurde eine partielle Integration durchgeführt, bei der f_x auf- und x abgeleitet wurde und $\left[x \cdot f(x,t) \right]_{-\infty}^{+\infty} = 0$ beachtet wurde.

Wie in Abschnitt 1.14 gezeigt, folgt aus der *Heisenberg*schen Energie-Zeit Unschärferelation, daß $k \cdot T \cdot \tau \geq \hbar$ ist. Insgesamt ergibt sich also

$$\sqrt{V(x)} \cdot \sqrt{V(p)} = \Delta x \cdot \Delta p \geq \hbar. \tag{99}$$

Der Entropie-Impuls p nach (98) besitzt also das analoge Verhalten wie der quantenmechanische Teilchenimpuls: Sinkt die Standardabweichung Δx der Ortsverteilung, so muß die Standardabweichung Δp der Impulsverteilung wachsen.

Der dieser Rechnung zugrunde liegende mathematische Sachverhalt ist anschaulich einfach zu verstehen: Eine um ihren Erwartungswert eng zentrierte Wahrscheinlichkeitsdichte *f*, die also eine kleine Varianz V besitzt, hat notwendigerweise „steile Flanken", also streckenweise große Beträge der Ableitungen. Eine überall flach verlaufende Dichte *f* muß sich umgekehrt über einen größeren Bereich der Werte ihrer Zufallsvariablen erstrecken. Physikalische Relevanz erhält dieser Sachverhalt dadurch, daß die Entropiekräfte und die Entropieimpulse den relativen Änderungen von *f* zugeordnet sind. Die Ungleichung (99) erscheint somit als eine Konsequenz des Entropiesatzes: Verkleinert man die Ortsentropie durch Verkleinerung der Varianz, so muß – analog wie in der Abb. 6.2, nur bezogen auf die Phasenebene – Entropie umgeladen werden in Bewegungsentropie, da sonst Entropie spurlos zum Verschwinden gebracht werden könnte.

Literatur

[1] Dorn · Bader: Physik, Mittelstufe, Schroedel, Hannover, 1996
[2] Bergmann · Schröder: Einführung in die Physik, Sekundarstufe I, Verlag Moritz Diesterweg, Frankfurt a. M., 1996
[3] O. Höfling: Physik, Lehrbuch für Unterricht und Selbststudium, Dümmler, 1994
[4] J. Grehn: Metzler Physik, Gesamtband, Metzlersche Verlagsbuchhandlung, Stuttgart, 1996
[5] S. Sambursky: Der Weg der Physik, Artemis Verlag, Zürich, 1965
[6] zitiert nach W. Geßner in PdN-Physik 6/84, S. 165
[7] P. Davies: Die Unsterblichkeit der Zeit, Scherz Verlag, Bern, 1995
[8] C. E. Shannon and W. Weaver: A Mathematical Theory of Communication, Urbana, Ill.: University of Illinois Press 1949
[9] B. Hassenstein: Biologische Kybernetik, Quelle & Meyer, Heidelberg, 1967
[10] Karlson: Kurzes Lehrbuch der Biochemie, Georg Thieme Verlag, Stuttgart, 1964
[11] Ch. Kittel / H. Krömer: Physik der Wärme, Anhang A, R. Oldenbourg Verlag, München, 1993
[12] R. Lermer: Grundkurs Astronomie, Bayerischer Schulbuchverlag, München, 1993
[13] H. R. Christen: Chemie, Verlag Moritz Diesterweg, Frankfurt, 1994
[14] R. U. Sexl und A. Pflug: Entropie und Information in: „Leitthemen" Information und Ordnung, herausgegeben von G. Schaefer, Aulis Verlag, Köln, 1984
[15] CH. Kittel: Einführung in die Festkörperphysik, R. Oldenbourg Verlag, München, 1993
[16] Handbook of Chemistry and Physics, CRC Press
[17] F. Bader: Computerprogramme zur Physik, Schroedel, Hannover, 1996
[18] B. Felsager: Geometry, Particles and Fields, Odense University Press, Kopenhagen, 1983
[19] A. Sommerfeld: Thermodynamik und Statistik, Akademische Verlagsgesellschaft, Leipzig, 1965

[20] Sigma: Grundkurs Stochastik, Ernst Klett Verlag, Stuttgart, 1990

[21] J. D. Fast: Entropie, Philips Technische Bibliothek, Eindhoven, 1960

[22] Dorn · Bader: Physik, Oberstufe W, Schroedel, Hannover, 1980

[23] I. Prigogine: Introduction to Thermodynamics of Irreversible Processes, New York 1967, Kap. III, IV

[24] Linder, Biologie, Metzler Verlag, Hannover, 1994

[25] Aylwart/Findlay: Datensammlung Chemie in SI - Einheiten, VCH Taschentext, Weinheim, 1986

[26] F. Bader: Entropie – Herrin der Energie, in der Reihe Naturwissenschaftlicher Unterricht heute, Schroedel, Hannover, 1993

[27] M. Eigen, R. Winkler: Das Spiel – Naturgesetze steuern den Zufall, Serie Piper, Band 410, München, 1990

[28] A. Engel: Wahrscheinlichkeitsrechnung und Statistik, Band 2, Klett Studienbücher, Stuttgart, 1978

[29] M. Fisz: Wahrscheinlichkeitsrechnung und Mathematische Statistik, VEB, Berlin 1970

[30] H. Risken: The Fokker-Planck Equation, Springer Verlag, Berlin, 1984

[31] Ch. Gerthsen, H. Vogel: Physik, Springer Verlag, Berlin, 1993

[32] A. Einstein: Über den Einfluß der Schwerkraft auf die Ausbreitung des Lichtes, Annalen der Physik 1911, Band 35, S. 898

[33] R.P. Feynman: Vorlesungen über Physik, Band II / 2, Kap. 42, Oldenbourg Verlag, München, 1974

[34] B. Englert, M.O. Scully und H. Walther: Komlementarität und Welle – Teilchendualismus, Spektrum der Wissenschaft, Februar 1995

[35] F. J. Zucker: Information und Komplementarität in: E. v. Weizsäcker: Offene Systeme I, Klett Verlag, Stuttgart, 1974

[36] H. G. Schuster: Deterministisches Chaos, VCH Verlagsgesellschaft, Weinheim, 1994

[37] Aug. Hedinger: Chemikalien – Lehrmittel, 70302 Stuttgart-Wangen, Postfach 600262

Register

A

adiabatische Zustandsänderung 24
Aktivierungsenergie 111
allgemeine Gasgleichung 21
Anaximander 11
Äquipartitionsgesetz 55
Aristoteles 8
Ausgleichsvorgänge 119
Aussagenlogik 155
Avogadro
    Konstante 20
    Satz von 20

B

Bader, Franz
    Entropie und Energie 105
    kalorische Entropiebestimmung 56
Barometrische Höhenformel 109
Bedeutung von Information 32
Bernoulli, Daniel 7
Berthelot, Marcelin 61
Bilinearform 101
Binomialkoeffizient 39; 50; 78; 83; 88
Binomialverteilung 79
bit als Einheit 33
Bleiakkumulator 68
Bohr, Niels 156
*Bohr*sches Magneton 110
Boltzmann, Ludwig 10; 22; 36
Boltzmann-Faktor 86; 111
Boltzmann-Konstante 22
Boltzmann-Verteilung 86; 90; 111
Boyle und *Mariotte*, Gesetz von 19; 146
Brown, Robert 138

C

chemisches Potential 92
Clausius, Rudolf 8

D

Darwin, Charles 126
Davies, Paul 31
Debye-Temperatur 56
dezibel 40
Diffusion
    nach *Ehrenfest* 124
    von 6 Modellteilchen 64

Diffusionsgleichung 133
Dissoziation bei Reaktionen 113
Doppelspaltversuch 154
Doppler-Formel 152
Driftgeschwindigkeit 132
Dulong-Petit, Gesetz von 55

E

Ehrenfest, Paul 124
Eigen, Manfred 126
Einstein, Albert
    Diffusionsgesetz 133; 138; 142
    Molwärmen 56
    Zeitdilatation im Schwerefeld 152
Elektronenspin im Magnetfeld 110
Elementarvolumen 43; 45
Energiebegriff 7
Energieverteilung, Modell 81
Engel, Arthur 129
Englert, Berthold-Georg 156
Entelechie 8
Enthalpie 102
Entmagnetisierung 66
    Kühlen durch 99
Entropie
    bei Mischungen 49; 67
    chemische 48; 91; 145
    Definition 35
    der Gestalt 117; 149
    der Konzentration 47
    der Wärme 52; 91
    des idealen Gases 90
    Dimension 35
    Freie 46; 87; 91; 104; 145
    nach *Clausius* 9
    nach *Shannon* 64
    Umladung 94
    von Spinrichtungen 49
Entropieimpuls 158
Entropiekraft 143; 149
Enzyme 109; 112
Ereignisbegriff in der Stochastik 119
ergodische Markoffketten 129
Erwartungswert 62
Euklidischer Vektorraum 159
Evolution 130
exotherme Reaktionen 102

extensive Größen 101

F

Faradaykonstante 109
Fechner, Gustav 41
Feynman, Richard 7; 153; 154
Ficksches Gesetz 9; 135
Fitness nach *Darwin* 126
Flüsterkette 118
Fokker-Planck-Gleichung 133; 137; 143
Freiburg-Seminar 11
Freie Energie 9; 10; 104; 145
Freie Enthalpie 103; 145
Freie Reaktionsenthalpie 115; 116
Freie Standard-Reaktionsenthalpie 112
Freiheitsgrad 54
Frequenzunterschiede 40

G

galvanischen Zelle 116
*Gauß*sche Fehlerfunktion 134
*Gauß*sche Normalverteilung 80; 149
Gay-Lussac, Gesetz von 18
geometrische Reihe 85
Germaniumdiode 110
Gibbs, William 104
Gleichgewicht, statistisches 79
Gleichgewichtsbedingung 105; 106
Gruppengeschwindigkeit 143
Gummielastizität 147

H

Hassenstein, Bernhard 36
Hauptsatz der Wärmelehre, 1. 23
*Heisenberg*sche Unschärferelation .. 53; 142
  beim idealen Gas 28; 75
  und Diffusion 142
  und Wärmeentropie 54
Heizwert 102
Helmholtz, Hermann v.
  Erhaltung der "Kraft" 7
  Freie Energie 9; 104
Höfling, Oskar 20
Homogene Markoffprozesse 130
homogene Übergangsdichten 131
*Huygens*sches Prinzip 132; 154
Hydratrisierung 117

I

ideales Gas 16
Informationsbegriff 32

Informationsfluß
  beim Fernseher 36
  Einheit baud 36
Informationsgehalt
  allgemein 10
  beim Alphabet 36
  Definition 33
  der DNS 38
  des Wegs 156
  von Schachfiguren 38
Inkohärenz 118
innere Energie
  Definition 21
  und mechanische Arbeit 104
  und Temperatur 22
intensive Größen 101
irreversible Vorgänge 61; 73
Irrfahrt 128; 129; 140
isochore Zustandsänderung 23
isotherme Zustandsänderung 26

K

Kaliumhydrogencarbonat 114
Kaliumionen, Nervenleitung 109
Kalkbrennen 98
Kalorimeter 56; 116
kanonische Gesamtheit 106
Katalysatoren 112
Kelvin-Skala 17
Knallgasreaktion 67; 69; 100; 108; 112
Kohlendioxid 112
Kolmogoroff-Entropie 13
komplementäre Meßgrößen 30; 155
Kompressionsarbeit 25
Kondensieren 98
Kontinuitätsgleichung 135
Kräftegleichgewicht 105

L

Laplace, Pierre Simon de 28
Leerstellen im Kristall 49; 106; 109
Leibniz, Gottfried 7

M

Makrozustand 34; 157
*Markoff*gleichung 122; 123
*Markoff*ketten 118; 121
*Markoff*prozesse 118
Massenwirkungsgesetz 69
metastabile Zustände 112

Mikrozustände 34; 157
Minoritätsleitung 110
mittlere freie Weglänge
    Definition 27
    in der Phasenebene 75
mittlere Stoßzeit 141
    Definition 28
Molekülgeschwindigkeit 22
Molwärme
    bei konstantem Druck 27; 102
    bei konstantem Volumen 24

N

Näherungsformel von *Stirling* 39; 80
Natriumionen, Nervenleitung 109
Nervenzellen 109
Newton, Isaac 7
Normalbedingungen 18; 102

O

Ozongehalt von Luft 110

P

paramagnetische Stoffe 111
partielle Ableitungen 69; 92; 130
periodische *Markoff*ketten 129
Pfadregel bei *Markoff*prozessen 131
pH-Wert 47; 111
Phasenebene 75
*Planck*sches Wirkungsquantum 29
Pogson, Norman 41
Polynomialkoeffizient 83
Potentialstufe 108; 150
Prigogine, Ilya 101
Prozesse 130
    nach *Markoff* 118
    stationäre 76
psychophysisches Grundgesetz 41

R

random walk 129; 140
Reaktionsenthalpie 112
Redoxreaktion 115
Replikation der DNS 109
reversible Vorgänge 59
Reversible Zustandsänderungen
    als Entropieumladungen 95
Ruhepotential 109

S

Sackur-Tetrode-Gleichung 91

Schallpegelmeßgerät 40
*Schrödinger*gleichung 8; 118
Schwarzsche Ungleichung 159
Schwerkraft 153
Selektion 128
Sexl, Roman, U.
    Aktivierungsenergie 112
    Entropiedeutung 11; 34
    Modellkristall 49
Shannon, Claude
    Formel von 63; 108; 136
    Informationsbegriff 10
Sichtkalorimeter 116
Siliziumdiode 110
spezifische Wärmekapazität
    beim Festkörper 55
    Definition 24
Standardbildungsenthalpie 102; 112
Standardentropie 56; 102
Standard-Reaktionsentropien 112
statistische Schwankungen 79
Sternhelligkeiten 41
Stichprobe, ungeordnet, o. Zurücklegen .. 38
Superpositionsprinzip 131
Synthese bei Reaktionen 113

T

Temperaturausgleich 70
    und Entropiezunahme 72
Temperaturskala nach *Kelvin* 17
thermodynamische Identität 93; 104
thermodynamische Relationen 92; 146
totales Differential
    der Entropie 92
    der Mischungsentropie 69

U

Übergangsmatrix 123; 126
Übergangswahrscheinlichkeit 120; 130
Übergangswahrscheinlichkeitsdichte 130
Umladung von Entropie 96
Urnenmodell 78; 95

V

Varianz beim „random walk" 141
Varianz des *Wiener*schen Prozesses 132
Venn-Diagramm 119
Verteilungsmöglichkeiten 74
Volumenentropie 43
    bei der Lösung 44

beim Rosten 44; 98
  beim Verdampfen 44
  beim Verdunsten 98

W

Wahrscheinlichkeit
  bedingte..119
  totale 120; 124
Wahrscheinlichkeitsstromdichte ... 135; 143
Wahrscheinlichkeitsverteilung................63
  stationäre...76
Walther, Herbert 156
Wärmeentropie, Messung 55
Weber, Ernst..41

Weizsäcker, Carl Friedrich v....................34
*Whittaker*sches Prinzip 31
Wiener, Norbert............................... 10; 132
*Wiener*scher Prozeß 132
  und Entropiezunahme........................136
Winkler, Ruthild.....................................126

Z

zeitliche Ausrichtung.......................... 8; 60
Zitt, Johannes 115
Zucker, Francis.......................................157
Zustandssumme............ 46; 86; 92; 93; 145
  Einteilchen- 48
Zwangsbedingung....................................73

PRAXIS-SCHRIFTENREIHE
PHYSIK

Das Konzept der Reihe:

Die PRAXIS-SCHRIFTENREIHE erscheint in den drei Abteilungen Physik, Chemie und Biologie. Sie ist die umfangreichste Schriftenreihe für den naturwissenschaftlichen Unterricht und hat sich seit Jahren in der Praxis bewährt.

Die PRAXIS-SCHRIFTENREIHE PHYSIK bietet mit ihren zahlreichen Titeln eine reiche Auswahl für den Physiklehrer in den Sekundarstufen I und II. Viele Bände sind darüber hinaus geeignet für den Einsatz in den Grund- und Leistungskursen der Sekundarstufe II – besonders auch für den Gebrauch in Arbeitsgemeinschaften.

Außerdem werden zahlreiche Titel in neueren Handreichungen zur Unterrichtsgestaltung in der Oberstufe herangezogen. Aber auch für die Unterrichtsvorbereitung und die fachliche Weiterbildung von Lehrern der Sekundarstufe I ist die PRAXIS-SCHRIFTENREIHE PHYSIK zu empfehlen.

Modellbildung und Simulation mit dem Computer
von P. Goldkuhle, Best.-Nr. 335-01980, i. Vb.

Eine Übersicht über den Einsatz des Computers im Physikunterricht mit vielen konkreten Beispielen für SI und SII. Der Band stellt neue methodische Wege der physikalischen Erkenntnisgewinnung durch Computereinsatz vor.

Kernphysikalische Messungen mit dem Computer
von C. Jäkel, Best.-Nr. 335-01979, i. Vb.

Dieser Band erklärt die Arbeit mit energiesensitiven Detektoren: wie ihre Signale erfaßt und an den PC übertragen werden und wie sie softwareseitig in ein Spektrum umgesetzt werden. Auch Versuchsmöglichkeiten im Physikunterricht werden aufgezeigt.

Entropie und Information
von W. Salm, Best.-Nr. 335-01969, 168 S., 59 Abb.

„Entropie" eröffnet den Zugang zu zahlreichen Alltagsphänomenen, gerade auch in Chemie und Biologie. Dieser Band erklärt anschaulich den Begriff und seine Bedeutung.

Größenordnungen in der Natur
von E. Schwaiger, Best.-Nr. 335-01628, 2. unveränd. Aufl., 136 S., 92 Abb.

Kann man Lebewesen maßstäblich vergrößern oder verkleinern? Dieser Band schafft über das spannende Thema der Größenordnungen die Verbindung zwischen Physik, Biologie und Chemie.

Akustik in der Schulphysik
von I. Kadner, Best.-Nr. 335-01681, 156 S., 137 Abb.

Sachinformationen zur physikalischen und technischen Akustik, vielfältige Beispiele für Aufgaben und Experimente sowie Vorschläge und Hinweise zur methodischen Gestaltung des Unterrichts.

Chaos
von G. Heinrichs, Best.-Nr. 335-01469, 2. verb. Aufl., 148 S., 132 Abb.

Eine Einführung in die Chaosforschung auf einem den Kenntnissen von Oberstufenschülern gerechten Niveau.

Neuere Teilchenphysik – einfach dargestellt
von P. Waloschek, Best.-Nr. 335-01426, 4. überarb. Aufl., 112 S., 64 Abb.

In diesem Buch wird das Standard-Modell der Teilchenphysik, versehen mit den wichtigsten Grundlagen, anschaulich erklärt.

Fliegen – angewandte Physik
von K. Luchner, Best.-Nr. 335-01300, 2. unveränd. Aufl., 108 S., 76 Abb.

Ausführlich und mit realistischen Daten wird die Problematik des Vorgangs „Fliegen" vor dem Hintergrund der physikalischen Grundlagen erläutert.

Einstein und die schwarzen Löcher
von G. Heinrichs, Best.-Nr. 335-01134, 2. Aufl., 236 S., 139 Abb.

Schwarze Löcher – was sind das für seltsame Objekte im Universum? Mögliche Antworten auf diese Frage stehen in engem Zusammenhang mit Einstein und seiner Allgemeinen Relativitätstheorie, auf die ebenfalls eingegangen wird.

Wachstum und Aufbau der Kristalle
von E. Keller, Best.-Nr. 335-00007, 80 S., 46 Abb., 1 Farbtafel

Einfache Experimente ohne wesentliche Hilfsmittel: eine geeignete Lektüre auch für die Schülerbücherei.

Physikalische Olympiade-Aufgaben
von G. Lind, Best.-Nr. 335-00754, 136 S., 76 Abb.

Die gestellten Aufgaben sind für einen Physik-Leistungskurs eine willkommene Gelegenheit, die Kenntnis physikalischer Gesetze und Zusammenhänge kreativ anzuwenden und an neuartigen Problemstellungen auszuprobieren.

Wechselstrom
von E. Dössel, Best.-Nr. 335-00477, 164 S., 117 Abb.

Eine Zusammenstellung von Experimenten, Gesetzen, Ableitungen und Anwendungen aus dem Bereich des Wechselstroms.

Der AULIS VERLAG für Lehrer

AULIS VERLAG DEUBNER & CO KG
Antwerpener Straße 6–12 · D-50672 Köln
Telefon (02 21) 95 14 54-20

PRAXIS-SCHRIFTENREIHE
CHEMIE

Das Konzept der Reihe:

Die PRAXIS-SCHRIFTENREIHE erscheint in den drei Abteilungen Physik, Chemie und Biologie. Sie ist die umfangreichste Schriftenreihe für den naturwissenschaftlichen Unterricht und hat sich seit Jahren in der Praxis bewährt.

Die PRAXIS-SCHRIFTENREIHE CHEMIE bietet mit ihren zahlreichen Titeln eine reiche Auswahl für den Chemielehrer I und II. Viele Bände sind darüber hinaus geeignet für den Einsatz in den Grund- und Leistungskursen der Sekundarstufe II – besonders auch für den Gebrauch in Arbeitsgemeinschaften.

Außerdem werden zahlreiche Titel in neueren Handreichungen zur Unterrichtsgestaltung in der Oberstufe herangezogen. Aber auch für die Unterrichtsvorbereitung und die fachliche Weiterbildung von Lehrern der Sekundarstufe I ist die PRAXIS-SCHRIFTENREIHE CHEMIE zu empfehlen.

Boden und Bodenuntersuchungen
von R. Bochter, Best.-Nr. 335-01785, 280 S., 29 Abb.

Ein Buch für Lehrer aller Jahrgangsstufen der Fächer Chemie, Biologie und Geographie. Insgesamt 157 Untersuchungen werden vorgestellt, die sich u. a. folgenden Themenbereichen widmen: Wie Böden aussehen und entstehen □ Was Bodenlebewesen leisten □ Was Böden belastet und bedroht ... u.v.a.m.

IUPAC-Regeln und DIN-Normen im Chemieunterricht
von A. Dörrenbächer, Best.-Nr. 335-01608, 2. verb. Aufl., 176 S.

Ein anschaulicher und umfassender Überblick über alle für den Chemieunterricht relevanten Bestimmungen (Nomenklatur, physiko-chemische Größen und Einheiten u.v.a.m.). Zahlreiche Beispiele und Abbildungen.

Chemische Experimente in Klassenarbeiten und Klausuren
von H. Zander, Best.-Nr. 335-01629, 3. vollst. überarb. Aufl., 160 S.

Das Experimentieren spielt im Chemieunterricht eine so große Rolle, daß es auch in Klausuren nicht fehlen sollte. Dieser Band vermittelt wertvolle Anregungen und Hilfestellungen und bietet komplett ausgearbeitete Vorschläge.

Die Wollfaser
von G. Dannenfeldt, Best.-Nr. 335-01289, 100 S.

Der Autor hat die wesentlichen Erkenntnisse der modernen Bekleidungsphysiologie didaktisch aufbereitet und durch eine Reihe ausgewählter Versuche veranschaulicht.

Experimentelle Chemie der Nucleinsäuren
von H. Wenck/G. Kruska, Best.-Nr. 335-01199, 100 S.

Dieser Band füllt eine Lücke: 39 erprobte, auf die Schulpraxis zugeschnittene Versuche, die innerhalb von 10 bis 60 Minuten zu einem deutlichen Ergebnis führen.

Phenol
von W. Jansen u. a., Best.-Nr. 335-01299, 152 S.

Seine Entdeckung, Strukturaufklärung und großindustrielle Herstellung: eine historischproblemorientierte, experimentell ausgerichtete Unterrichtskonzeption.

Weitere Titel der Reihe:

Mikroverkapselung
von B. Hobein/B. Lutz, Best.-Nr. 335-01200, 144 S.

Themen zur Festkörperchemie I: Modellvorstellungen und Anwendungsaspekte
von R. Schwankner/M. Eiswirth, Best.-Nr. 335-00709, 152 S.

Themen zur Festkörperchemie II: Präparation und Spektroskopie
von M. Eiswirth/R. Schwankner, Best.-Nr. 335-01009, 160 S.

Kalorimetrische Titrationen
von H. Wöhrmann, Best.-Nr. 335-00774, 128 S.

Kunststoffrecycling
von H.-J. Bader, Best.-Nr. 335-00692, 160 S.

Moderne Analysemethoden Teil 1 Elektroanalytische Methoden
von D. Götz, Best.-Nr. 335-00619, 104 S.

Moderne Analysemethoden Teil 2 Spektroskopische Methoden
von W. Czieslik, Best.-Nr. 335-00620, 160 S.

Differenzthermoanalyse (DTA) im Chemieunterricht
von E. Wiederholt, Best.-Nr. 335-00617, 136 S.

Chemische Energetik
von W. Weber, Best.-Nr. 335-00517, 224 S.

Farbe, Farbstoffe, Färben
von A. Jenette/W. Glöckner, Best.-Nr. 335-00630, 76 S.

Quantitative Versuche zur Organischen Chemie
von J. Hahn, Best.-Nr. 335-00601, 72 S.

Demonstrationen zur Kunststoffchemie
von R. Franik, Best.-Nr. 335-00631, 76 S.

Der AULIS VERLAG für Lehrer

AULIS VERLAG DEUBNER & CO KG
Antwerpener Straße 6–12 · D-50672 Köln
Telefon (02 21) 95 14 54-20